法 布 尔

F A B U E R

—— 名师推荐 ——
学生课外
阅读经典

# 昆 虫 记

KUN CHONG JI

［法］法布尔／著　陈筱卿／译

长江出版传媒　长江文艺出版社

**图书在版编目（CIP）数据**

昆虫记 / (法) 法布尔著；陈筱卿译. -- 武汉：
长江文艺出版社，2023.3
ISBN 978-7-5702-2850-8

Ⅰ.①昆… Ⅱ.①法… ②陈… Ⅲ.①昆虫学－青少
年读物 Ⅳ.①Q96-49

中国版本图书馆 CIP 数据核字(2022)第 139883 号

昆虫记
KUNCHONG JI

责任编辑：黄海阔　　　　　　　责任校对：毛季慧
设计制作：格林图书　　　　　　责任印制：邱　莉　杨　帆

出版：长江出版传媒　　长江文艺出版社
地址：武汉市雄楚大街 268 号　　　邮编：430070
发行：长江文艺出版社
http://www.cjlap.com
印刷：武汉珞珈山学苑印刷有限公司

开本：700 毫米×980 毫米　　1/16　　　印张：9　　　插页：1 页
版次：2023 年 3 月第 1 版　　　　2023 年 3 月第 1 次印刷
字数：113 千字

定价：22.00 元

# 译本序

　　19世纪末到20世纪初，在法国，一位昆虫学家的一本令人耳目一新的书出版了。全书共10卷，长达二三百万字。该书一出版，便立即成为畅销书。该书书名按照法文直译应为《昆虫学回忆录》，但被简单通俗地称之为《昆虫记》。该书出版之后，好评如潮。法国著名戏剧家埃德蒙·罗斯丹称赞该书作者时称："这个大学者像哲学家一般地去思考，像艺术家一般地去观察，像诗人一般地去感受和表达。"法国20世纪初的著名作家、《约翰·克利斯朵夫》的作者罗曼·罗兰称赞道："他观察之热情耐心、细致入微，令我钦佩，他的书堪称艺术杰作。我几年前就读过他的书，非常喜欢。"英国生物学家达尔文夸赞道："他是无与伦比的观察家。"我国作家周作人也说："见到这位'科学诗人'的著作，不禁引起旧事，羡慕有这种好的书看的别国少年，也希望中国有人来做这翻译编纂的事业。"鲁迅先生早在"五四"以前就已经提到过《昆虫记》这本书，想必他看的是日文版。当时法国和国际学术界称赞该书作者为"动物心理学的创始人"。总之，这是一本根据对昆虫的习性、昆虫的生活的详尽而真实的观察写成的不可多得的书。书中所记述的昆虫的习性、生活等各方面的情况真实可信，而且，作者描述起这些昆虫来文笔精练。因此，该书被人们冠以"昆虫的史诗"之美称，作者也被赞誉为"昆虫界的维吉尔"。

该书作者就是让-亨利·法布尔（1823—1915）。他出身贫苦，一生刻苦勤奋，锐意进取，自学成才，用12年的时间先后获得学士、双学士和博士学位。但是，他的这些成就并未获得法国教育界和科学界权威们的认可，以致一直梦想着能执大学教鞭的法布尔终生不能遂其心愿，只好屈就中学的教职，以微薄的薪酬维持一家七口的生活。但法布尔并未因此而气馁消沉，除了兢兢业业地教好书，完成好本职工作以外，他还利用业余时间对各种各样的昆虫进行细心的观察研究。他的那股钻劲儿、韧劲儿、孜孜不倦劲儿，简直到了废寝忘食的程度。他对昆虫的那份好奇、那份爱，非常人所能理解。好在他的家人给予了他大力的支持，使他得以埋首于自己的观察研究之中。法布尔对昆虫的研究之深入细致，使他笔下的那些小虫子，一个个活泛起来，活灵活现，栩栩如生，充满着灵性，让人看了之后觉得它们着实可爱，就连一般人所讨厌的食粪虫，让人看了都觉得妙趣横生。

该书堪称鸿篇巨制，既可视为一部昆虫学的科普书籍，又可称之为描写昆虫的文学巨著，因而，在法布尔晚年时，也就是1910年，他曾获得诺贝尔文学奖的提名。《昆虫记》全集本于1879年到1907年间陆续完成、发表，最后一版发表于1919年到1925年间。后来，该书便一再地以选本的形式出版发行，冠名为《昆虫的习性》《昆虫的生活》《昆虫的漫步》等。由此可见，该书是多么受读者们的欢迎。

　　我这个译本基本上是独立成篇的，读者既可以从前往后看，也可以根据目录，挑选自己最感兴趣的昆虫去看。因此，我劝读者们不妨拨冗一读这本老少咸宜、国内外皆获好评的有趣的书，你一定会从中感受到它的美妙、朴实、生动来的。它既可以让你增加有关昆虫方面的知识，又可以让你从中了解到作者的那种似散文诗般的语言的美妙。与此同时，你也会从本书的字里行间看到作者法布尔的那种坚忍不拔，那种孜孜不倦，那种求实精神，那种不把事情弄个水落石出、明明白白绝不罢休的感人至深的科学态度和精神。

陈筱卿

# 目 录

荒石园 / 1

隧蜂 / 13

圣甲虫 / 23

天牛 / 37

蝉出地洞 / 48

大孔雀蝶 / 58

蟹蛛 / 76

圆网蛛 / 83

萤火虫 / 101

意大利蟋蟀 / 115

朗格多克蝎 / 120

目录

# 荒石园

　　那儿是我情所独钟的地方，是一块不算太大的地方，是我的"钟情宝地"，周围有围墙围着，与公路上的熙来攘往、喧闹沸扬相隔绝，虽说是偏僻荒芜的不毛之地，无人问津，又遭日头的曝晒，却是刺茎菊科植物和膜翅目昆虫们所喜爱的地方。因无人问津，我便可以在那里不受过往行人的打扰，一心一意地对砂泥蜂和石泥蜂等去进行艰难的探索。这种探索难度极大，只有通过实验才能完成。我无须在那里耗费时间，伤心劳神地跑来跑去，东寻西觅，不必慌忙地赶来赶去，我只是安排好自己的周密计划，细心地设置下陷阱圈套，然后，每天不断地观察记录所获得的效果。是的，"钟情宝地"，那就是我的夙愿，我的梦想，那就是我一直苦苦追求但每每总难以实现的一个梦想。

　　一个每天都在为每日的生计操劳的人，想要在旷野之中为自己准备一个实验室，实属不易。我四十年如一日，凭借自己顽强的意志力，与贫困潦倒的生活苦斗着，终于有一天，我的心愿得到了满足。这是我孜孜不倦、顽强奋斗的结果，其中的艰苦繁难我在此就不赘述了，反正我的实验室算是有了，尽管它的条件并不十分理想，但是有了它，我就必须拿出点时间来侍弄它。其实，我如同一个苦役犯，身上锁着沉重的锁链，闲暇时间并不太多。但是，愿望实现了，总是好事，只是稍嫌迟了一些，我可爱的小虫子们！我真害怕，到了采摘梨桃瓜果之时，我的牙却啃不动它们了。是的，确实是来得晚了点儿：当初的那广阔的旷野，而今已变成了低矮的穹庐，令人窒息憋闷，而且还在日益地变低变矮变窄变小。对于往事，除了我已失去的东西以外，我并无丝毫的遗憾，没有任何的愧疚，甚至对我那消逝而去的光阴，而且我对一切都已不再抱有希望了。世态炎凉我已遍尝，体味甚深，我已心力交瘁，心灰意冷，我每每会禁不住要问问自己，为了活命，吃尽苦头，是否值得？我此时此刻的心情就是这样。

我放眼四周，只见一片废墟，唯有断墙残垣危立其间。这个断墙残垣因为石灰沙泥浇灌凝固，所以仍然兀立在废墟的中央。它就是我对科学真理的执着追求与热爱的真实写照。啊，我的心灵手巧的膜翅目昆虫们啊，我的这份热爱能否让我有资格给你们的故事追加一些描述呀？我会不会心有余而力不足啊？我既然心存这份担忧，为何又把你们抛弃了这么长的时间呢？有一些朋友已经因此而责备我了。啊，请你们去告诉他们，告诉那些既是你们的也是我的朋友们，告诉他们我并不是因为懒惰和健忘，才抛弃了你们的；告诉他们我一直在惦记着你们；告诉他们我始终深信节腹泥蜂的秘密洞穴中还有许多尚待我们去探索的有趣的秘密；告诉他们飞蝗泥蜂的猎食活动还会向我们提供许多有趣的故事……然而，我缺少时间，又是单枪匹马，孤立无援，无人理睬，何况，我在高谈阔论、纵横捭阖之前，必须先考虑生计的问题。我请你们就这么如实地告诉他们吧，他们是会原谅我的。

还有一些人在指责我，说我用词欠妥，不够严谨，说穿了，就是缺少书卷气，没有学究味儿。他们担心，一部作品让读者谈起来容易，不费脑子，那么，该作品就不能表达出真理来。照他们的说法，只有写得晦涩难懂，让人摸不着头脑，那作品就是思想深刻的了。你们这些身上或长着螯针或披着鞘翅的朋友们，你们全都过来吧，来替我辩白，替我做证。请你们站出来说一说，我与你们的关系是多么亲密，我是多么耐心细致地观察你们，多么认真严肃地记录下你们的活动。我相信，你们会异口同声地说："是的，他写的东西没有丝毫的言之无物的空洞乏味的套话，没有丝毫不懂装懂、不求甚解的胡诌瞎扯，有的只是准确无误地记录下来的观察到的真情实况，既未胡乱添加，也未挂一漏万。"今后，但凡有人问到你们，请你们就这么回答他们吧。

另外，我亲爱的昆虫朋友们，如果因为我对你们的描述没能让人生厌，因而说服不了那帮嗓门儿很大的人的话，那我就会挺身而出，郑重地告诉他们说："你们对昆虫是开膛破肚，而我却是让它们活蹦乱跳地生活着，对它们进行观察研究；你们把它们变成了又可怕又可怜的东西，而我则是让人们更加喜爱它们；你们是在酷刑室和碎尸间里干活，而我却是在蔚蓝色的天空下，边听着蝉儿欢快的鸣唱边仔细地观察着；你们是使用试剂测试蜂房和原生质，而我则是在它们各种本能得以充分表现时探究它们的本能；你们探索的是死，而我探究的则是生。"因此，我完全有资格进一步地表明我的思想：野猪把清泉的水给搅浑了，原本是青年人的一种非常好的专业——博物史，因越分越细，相互隔绝，互不关联，竟至成了一种令人心生厌恶、不愿涉猎的东西。诚然，我是在为学者们而写，是在为将来有一天或多或少地为解决"本能"这一难题做点儿贡献的哲学家们而写，但是，我也是在，而且尤其是在为青年人而写，我真切地希望他们能热爱这门被你们弄得让人恶心的博物史专业。这就是我为什么在竭力地坚持真实第一，一丝不苟，绝不采用你们的那种科学性的文字的缘故。你们的那种科学性的文字，说实在的，好像是从休伦人①所使用的土语中借来的。这种情况，并不鲜见。

然而，此时此刻，我并不想做这些事。我想说的是我长期以来一直魂牵梦绕着的那块计划之中的土地，我一心想着把它变成一座活的昆虫实验室。这块地，我终于在一个荒僻的小村子里寻觅到了。这块地被当地人称之为"阿尔玛"，意为"一块除了百里香恣意生长，其他植物几乎没有的荒芜之地"。这块地极其贫瘠，满地乱石，即使辛勤耕耘，也难见成效。春季来临，偶尔带来点雨水，乱石堆中也会长出一点草来，随即引来羊群的光顾。不过，我的阿尔玛，由于乱石之间仍夹杂着一点红土，所以还是长过一些作物的。据说从前那儿就长着一些葡萄。的确，为了种上几棵树，我就在地上挖来刨去，偶尔会挖到一些因时间太久而已部分炭化了的实属珍稀的木本植物的根茎来。于是，我便用唯一可以刨得动这种荒地的农用三齿长柄叉来又刨又挖了。然而，我每每都会感到十分遗憾，据说最早种植的葡萄树没有了，而百里香、薰衣草也没有了，一簇簇的胭脂虫栎也见不着了。这种矮小的胭脂虫栎本可以长成一片矮树林的，它们确实长不高，只要稍微抬高点腿，就可以从它们上面迈过去。这些植物，尤其是百里香和薰衣草，能够为膜翅目昆虫提供它们所需要采集的东西，所以对我十分有用，我不得不把偶尔被我的农用三齿长柄叉刨出来的又给栽了进去。

在这儿大量存在着的，而又不必我去亲手侍弄的是那些开始时随着风吹的土粒而来的，尔后又长年积存起来的植物。最主要的是犬齿草，那是十分讨厌的禾本植物，三年的炮火连天、硝烟弥漫的战争都没能让它们灭绝，真是"野火烧不尽，春风吹又生"。数

---

① 休伦人：17世纪时的北美洲印第安人中的一支。

量上占第二位的是矢车菊，全都是一副桀骜不驯的样子，浑身长满了刺，或者长满着棘，其中又可分为两至生矢车菊、蒺藜矢车菊、丘陵矢车菊、苦涩矢车菊，而尤以两年生矢车菊数量最多。各种各样的矢车菊相互交织，彼此纠缠，乱糟糟地簇拥在一起，其中可见一种菊科植物，形同枝形大烛台似的支棱着，凶相毕露，被称之为西班牙刺，其枝杈末梢长着很大的橘红色花朵，似同火焰一般，而其刺茎则是硬如铁钉。长得比西班牙刺要高的是伊利大刺蓟，它的茎孤零零地"独立寒秋"，笔直硬挺，高达一两米，梢头长着一个硕大的紫红色绒球，它身上所佩带的利器，与西班牙刺相比，毫不逊色。也别忘了，还有刺茎菊科类植物。首先必须提到的是恶蓟，浑身带刺，致使采集者无从下手；第二种是披针蓟，阔叶，叶脉顶端是梭镖状硬尖；最后是越长颜色越黑的染黑蓟，这种植物集缩成一个团，状如插满针刺的玫瑰花结。这些蓟类植物之间的空地上，爬着荆棘的新枝丫，结着淡蓝色的果实，枝条长长的，像是长着刺的绳条。如果想要在这杂乱丛生的荆棘中观察膜翅目昆虫采蜜，就得穿上半高筒长靴，否则腿肚子就会被划得满是条条血丝，又痒又疼。当土壤尚留下春雨所能给予的水分，墒情尚可时，角锥般的刺和大翅蓟细长的新枝丫便会从由两年生矢车菊的黄色头状花序铺就的整块的地毯上生长出来。这时候，在这荒凉贫瘠的艰苦环境下，这种极具顽强生命力的荆棘必定会展现出它们的某些娇媚来。四下里矗立着一座座的狼牙棒似的金字塔，伊利里亚矢车菊投出它那横七竖八的标枪来。但是，等到干旱的夏日来临时，这儿呈现的是一片枯枝败叶，划根火柴，就会点着整块的土地。这就是我意欲从此永远与我的昆虫们亲密无间地生活的美丽迷人的伊甸园，或者，更确切地说，我一开始拥有这片园子时，它就是这么一座荒石园。我经过了四十年的艰苦努力，顽强奋斗，最终才获得了这块宝地。

我称它为美丽迷人的伊甸园，看来我这么说还是恰如其分的。这块没人看得上眼的荒地，可能没一个人会往上面撒一把萝卜籽的，但是，对于膜翅目昆虫来说，它可是个天堂。荒地上那茁壮成长的刺蓟类植物和矢车菊，把周围的膜翅目昆虫全都吸引了来。我以前在野外捕捉昆虫时，从未遇到过任何一个地方，像这个荒石园那样，聚集着如此之多的昆虫，可以说，各行各业的所有的膜翅目昆虫全都聚集到这里来了。它们当中，有专以捕食活物为生的"捕猎者"，有以湿土"造房筑窝者"，有梳理绒絮的"整理工"，有在花叶和花蕾中修剪材料备用的"备料工"，有以碎纸片建造纸板屋的"建筑师"，有搅拌泥土的"泥瓦工"，有为木头钻眼的"木工"，有在地下挖掘坑道的"矿工"，有加工羊肠薄膜的"技工"，还有不少干什么什么的，我也记不清了。这是个干什么的呀？它是一只黄斑蜂。它在两年生矢车菊那蛛网般的茎上刮来刮去，刮出一个小绒球来，然后，它便得意扬扬地把这个小绒球衔在大颚间，弄到地下，制造一个棉絮袋子来装它的蛋和卵。那些你争我斗、互不相让的家伙是干什么的呀？那是一些切叶蜂，腹部下方有一个花粉刷，刷子颜色各异，有的呈黑色，有的呈白色，有的则是火红火红的颜色。它们还要飞离蓟类植物丛，跑到附近的灌木丛中，从灌木的叶子上剪下一些椭圆形的小叶片，把它们组装成容器，来装它们的收获物——花粉。你再看，那些一身黑绒衣服的，都是干什么的呀？它们是石泥蜂，专门加工水泥和卵石的。我们可以在荒石园中的石头上，很容易地看到它们所建造起来的房屋。还有那些突然飞起，左冲右突，大声嗡鸣的，是干什么的呀？它们是砂泥蜂，它们把自己的家安在破旧墙壁和附近向阳物体的斜面上。

　　现在，我们看到的是壁蜂。有的在蜗牛空壳的螺旋壁上建造自己的窝；有的在忙着啄一段荆条，吸去其汁液，以便为自己的幼虫做成一个圆柱形的房屋，而且，房屋中用隔板隔开，隔成一层

一层的，俨然一幢楼房；有的还在设法将一个折断了的芦苇那天然通道派上用场；还有的，干脆就乐享其成地免费使用高墙石蜂空闲着的走廊。让我们再来看看：那是大头蜂和长须蜂，其雄蜂都长着高高翘起的长触角；那是毛斑蜂，它的后爪上长着一个粗大的毛钳，是它的采蜜器官；那些是种类繁多的土蜂；此外，还有一些隧蜂，腰腹纤细。我就先这么简要地提上一句，不一一赘述，否则我得把采花蜜的昆虫全都记录下来了。我曾经把我新发现的昆虫呈送给波尔多①的昆虫学家佩雷教授，他问我是否有什么特别的捕捉方法，怎么会捕捉到这么多既稀罕鲜见而又全新的昆虫品种？我并不是什么捕捉昆虫的专家学者，更不是一心一意地在寻找昆虫、捕捉昆虫、制作标本的专家学者，我只是对研究昆虫的生活习性颇感

---

① 波尔多：法国西南部的一个中心城市。

兴趣的昆虫学爱好者。 我所有的昆虫全都是我在长着茂密的蓟类植物和矢车菊的草地上捉到的， 也是我喂养着它们。 真是天缘巧合，与这个采集花蜜的大家庭在一起的还有一群群的捕食采蜜者的猎食者。 泥瓦匠们在我的荒石园中垒造园子围墙时， 遗留下来不少的沙子和石头， 这儿那儿地随意堆放着。 由于工程进展缓慢， 拖了又拖， 一开始就运到荒石园来的这些建筑材料便这么遗弃着。 渐渐地， 石蜂们选中石头之间的空隙投宿过夜， 一堆一堆地挤在一起。粗壮的斑纹蜂遇到袭击时， 会向你迎面扑来， 不管侵袭者是人还是狗， 它们往往选择洞穴较深的地方过夜， 以防金龟子的侵袭。 白袍黑翅的脊令鸟， 宛如身着多明我会①服装的修士， 栖息在最高的石头上， 唱着它那并不动听的小曲短调。 离它所栖息的石头不远，必定有它的窝巢， 大概就在某个石头堆中， 窝巢内藏着它的那些天蓝色的小蛋蛋。 不一会儿， 这位"多明我会修士" 便不见了踪影， 消失在石头堆中了。 我对这个脊令鸟却是颇有点怀念， 而对于那长耳斑纹蜂， 我却并不因它的消失而感到遗憾。

沙堆却是另一类昆虫的幽居之所。 泥蜂在那儿清扫门庭， 用后腿把细沙往后蹬踢， 形成一个抛物形； 朗格多克飞蝗泥蜂用触角把无翅螽斯咬住， 拖入洞中； 大唇泥蜂正在把它的储备食物——叶蝉藏入窖中。 让我心疼不已的是， 泥瓦匠终于把那儿的猎手们全都给撵走了， 不过， 一旦有这么一天， 我想让它们回来的话， 我只需再堆起一些沙堆来， 它们很快也就归来了。

居无定所的各种砂泥蜂倒是没有消失。 我在春季里可看见某些品种的砂泥蜂， 在秋季里又可看见另一些品种的砂泥蜂， 飞到荒石园的小径草地上， 跳来飞去， 寻找毛虫。 各种蛛蜂也留在了园中， 它们正拍打着翅膀， 警惕地飞行着， 朝着隐蔽的角落， 去捕

---

① 多明我会：又称布道兄弟会，俗称黑衣兄弟会，是天主教四大托钵修会之一。

捉蜘蛛。个头儿大的蛛蜂则窥伺着狼蛛①，而狼蛛的洞穴在荒石园中则有的是。这种蜘蛛的洞穴呈竖井状，井口由禾本植物的茎秆中间夹着蛛丝做成的护栏保护着。往洞穴底部看去，大多数的狼蛛个头儿很大，眼睛闪烁发亮，让人看了直起鸡皮疙瘩。对于蛛蜂来说，捕捉这种猎物可是非同小可的事啊！好吧，让我们观观战吧。

在这盛夏午后的酷热之中，蚂蚁大队爬出了"兵营"，排成一个长蛇阵，到远处去捕捉奴隶。让我们不妨忙里偷闲，随着这蚂蚁大军前行，看看它们是如何围捕猎物的吧。那儿，在一堆已经变成了腐殖质的杂草周围，只见一群长约一点五法寸②的土蜂正没精打采、懒洋洋地飞动着，它们被金龟子、蛀犀金龟子和金匠花金龟子的幼虫吸引住了，那可是它们的丰盛的美餐啊，所以便一头钻进那堆杂草中去了。

值得观察研究的对象简直是太多太多了，而且光是这里，也只是提到了一部分而已！这座荒石园，人去楼空，房屋闲置、遗弃，地也撂荒了。没有人住的这座荒石园，成了动物的天堂，没有人会伤害它们了，它们也就占据了这儿的角角落落。黄莺在丁香树丛中筑巢搭窝；翠鸟在柏树那繁茂的枝叶间落户安家；麻雀把碎皮头和稻草麦秆衔到屋瓦下；南方的金丝雀在它们那建在梧桐树梢的没有半个黄杏大的小安乐窝里鸣叫；红角鸮习惯了这儿的环境，晚间飞来唱它那单调歌曲，声似笛音；被人称之为雅典娜鸟的猫头鹰也飞临此地，发出它那刺耳的咕咕声响。这座废弃的房屋前有一个大池塘。向村子里输送泉水的渡槽，顺带着也把清清的流水送到这个大池塘中。动物发情的季节，两栖动物便从方圆一千米处往池塘边爬来。灯芯草蟾蜍——有的个头儿大如盘子——背上披着窄小

---

① 狼蛛：又称纳博讷蛛。纳博讷是法国南部海岸一城市名。这种蛛后面将会介绍。
② 法寸：法国长度单位，一法寸约为27.07毫米。

细长的黄绶带，在池塘里幽会、沐浴；日暮黄昏时，"助产士"雄蟾蜍的后腿上挂着一串胡椒粒似的雌蟾蜍的卵；这位宽厚温情的父亲，带着它的珍贵的卵袋从远方蹦跳而来，要把这卵袋没入池塘中，然后再躲到一块石板下面，发出铃铛般的声响。成群的雨蛙躲在树丛间，不想在此时此刻呱呱乱叫，而是以优美动人的姿势在跳水嬉戏。五月里，夜幕降临之后，这个大池塘就变成了一个大乐池，各种鸣声交织，震耳欲聋，以至你若是在吃饭，就甭想在饭桌上交谈，即使躺在床上，也难以成眠。为了让园内保持安静，必须采取严厉的措施。不然又怎么办？想睡而又被吵得无法入睡的人，当然心就会变硬的。

膜翅目昆虫简直无法无天，竟然把我的隐居之所也给侵占了。白边飞蝗泥蜂在我屋门槛前的瓦砾堆里做窝；为了踏进家门，我不得不加倍小心，否则，一不留神，就会把它的窝给踩坏，正在忙活的"矿工们"将会遭灭顶之灾。我已经有整整二十五年没有看到过这种捕捉蝗虫的高手了。记得我第一次看见它时，是我走了好几里地去寻找的；其后，每次去寻访它时，都是顶着那八月的火热的骄阳前去的，忍受着那艰难的长途跋涉。可是，今天，我却在自家门前见到了它们，它们竟然成了我的好芳邻了。关闭的窗户框为长腹蜂提供了温度适宜的套房；它那泥筑的蜂巢，建在了规整石材砌成的内墙壁上；这些捕食蜘蛛的好猎手归来时，穿过窗框上本来就有的一个现成的小洞孔，钻入房内。百叶窗的线脚上，几只孤身的石蜂建起了它们的蜂房群落；略微开启着的防风窗板内侧，一只黑胡蜂为自己建造了一个小土圆顶，圆顶上面有一个大口短细颈脖。胡蜂和马蜂经常光顾我家；它们飞到饭桌上，尝尝桌上放着的葡萄是否熟透了。

这儿的昆虫确实是又多又全，而我所见到的只不过是一小部分。如果我能与它们交谈的话，那么，我就会忘掉孤苦寂寥，情趣盎然。这些昆虫，有些是我的新朋有的则是我的旧友，它们全都在我这里，挤在这方小天地之中，忙着捕食，采蜜，筑窝搭巢。另外，若是想要改变一下观察环境，这也不难，因为几百步开外便是一座山，山上满是野草莓丛、岩蔷薇丛、欧石南树丛；山上有泥蜂们所偏爱的沙质土层，有各种膜翅目昆虫喜欢开发利用的泥灰质坡面。我正是因为早已认准了这块风水宝地，这笔宝贵财富，才逃避开城市，躲到这乡间，来到塞里尼昂①这儿，给萝卜地锄草，给莴苣地浇水。人们花费大量资金，在大西洋沿岸和地中海边建起许许多多的实验室，以便解剖对我们来说并无多大意义的海洋中的小动物；人们耗费大量钱财，购置显微镜、精密的解剖器械、捕捞设备、船只，雇用捕捞人员，建造水族馆，为的

①　塞里尼昂：法国埃罗省的一个小镇。

是了解某些环节运动的卵黄是如何分裂的。我直到如今都没弄明白，这些人搞这些有什么用处？为什么他们偏偏就对陆地上的小昆虫瞧不上眼、不屑一顾？这些小昆虫可是与我们息息相关的，它们向普通生理学提供着难能可贵的资料。它们中有一些在疯狂地吞食我们的农作物，肆无忌惮地在破坏着公共利益。我们迫切地需要一座昆虫学实验室，一座不是研究三六酒①里的死昆虫，而是研究活蹦乱跳的活昆虫的实验室，一座以研究这个小小的昆虫世界的动物之本能、习性、生活方式、劳作、争斗和生息繁衍为目的的昆虫实验室，而我们的农业和哲学又必须对之予以高度的重视。彻底掌握对我的葡萄树进行吞食、蹂躏的那些昆虫，可能要比了解一种蔓足纲动物的某一根神经末梢结尾是个什么状态更加重要。通过实验来划分清楚智力与本能的界线，通过比较动物系列的各种事实，以揭示人的理性是不是一种可以改变的特性等，这一切，应该比了解一个甲壳动物的触须有多少要重要得多。为了解决这些大的问题，必须动用大批的工作人员，可是，就目前来说，我只是孤军一人在奋战。当下，人们的注意力放在了软体动物和植虫动物的身上了。人们花费大量的资金购置许许多多的拖网去探索海底世界，可是，对自己脚下的土地却漠然处之，不甚了了。我在等待着人们改变态度的同时，开辟了我的"荒石园"这座昆虫实验室，而这座实验室却用不着花纳税人的一分钱。

---

① 三六酒：旧时一种85度以上的烧酒，取三份烧酒，兑三份水，即成六份普通烧酒。

# 隧　蜂

　　你了解隧蜂吗？你大概是不了解。这无伤大雅，即使不了解隧蜂，照样可以品尝人生的种种温馨甜蜜。然而，只要努力地去了解，这些不起眼的昆虫却会告诉我们许多奇闻趣事，而且，如果我们拓宽一点我们对这个纷繁的世界的知识面的话，同隧蜂打打交道并不是什么让人鄙夷不屑的事。既然我们现在有空闲的时间，那就了解了解它们吧。它们是值得我们去了解的。

怎么识别它们呢？它们是一些酿蜜工匠，体形一般较为纤细，比我们蜂箱中养的蜜蜂更加修长。它们成群地生活在一起，身材和体色又多种多样。有的比一般的胡蜂个头儿要大，有的与家养的蜜蜂大小相同，甚至还要小一些。这么多种多样，会让没经验的人束手无策，但是，有一个特征是永远不会改变的。任何隧蜂都清晰可辨地烙有本品种的印记。

你看看隧蜂肚腹背面腹尖上那最后一道腹环。如果你抓住的是一只隧蜂，那么其腹环则有一道光滑明亮的细沟。当隧蜂处于防卫状态时，细沟则忽上忽下地滑动。这条似出鞘兵器的滑动槽沟证明它就是隧蜂家族之一员，不必再去辨别它的体形、体色。在针管昆虫属中，其他任何蜂类都没有这种新颖独特的滑动槽沟。这是隧蜂的明显标记，是隧蜂家族的族徽。

四月份，工程谨慎小心地开始了，不是一些新土小包的话，外面是一点也看不出来的。外面工地上没有一点动静。工匠们极少跑到地面上来，因为它们在井下的活计十分地繁忙。有时候，这儿那儿，有这么一个小土包的顶端晃动起来，随即便顺着圆锥体的坡面滑落下去，这是一个工匠造成的，它把清理的杂物抱出来，往土包上推，但它自己并没露出地面。眼下，隧蜂只忙活这种事。

五月带着鲜花和阳光来到了。四月里的挖土方的工人现在变成了采花工。我无论何时都能够看见它们待在开了天窗的小土包顶上，个个都浑身沾满黄花粉。个头儿最大的是斑纹蜂，我经常看见它们在我家花园小径上筑巢建窝。我们仔细地观察一下斑纹蜂。每当储存食物的活计干起来的时候，总会不知从何处突然来了这么一位吃白食者。它将让我们目睹强取豪夺是怎么回事。

五月里，上午十点钟左右，当储备粮食的工作正干得欢时，我每天都要去察看一番我那人口稠密的昆虫小镇。我在太阳地里，

14

坐在一把矮椅子上，弓着腰，双臂支膝，一动不动地观察着，直到吃午饭时为止。引起我注意的是一个吃白食者，是一种叫不上名字的小飞虫，但它却是隧蜂的凶狠的暴君。

这歹徒有名字没有？我想应该是有的，但我却并不太想浪费时间去查询这种对读者来说并没多大意义的事情。花时间去弄清枯燥的昆虫分类词典上的解说，倒不如把清楚明白地叙述的事实提供给读者为好。我只需简略描绘一下这个罪犯的体貌特征就可以了。它是一种身长五毫米的双翅目昆虫，眼睛暗红，面色白净，胸廓深灰，上有五行细小黑点，黑点上长着后倾的纤毛，腹部呈浅灰色，腹下苍白，爪子系黑色。

在我所观察的隧蜂中，它的数量很多。它常常蜷缩在一个地穴附近的阳光下静候着。一旦隧蜂收获归来，爪上沾满黄色花粉，它便冲上前去，尾随隧蜂，前后左右飞来转去，紧追不舍。最后，隧蜂突然钻入自家洞中，这双翅目食客也随即迅疾落在洞穴入口附近。它一动不动地，头冲着洞门，等待着隧蜂干完自己的活计。隧蜂终于又露面了，头和胸廓探出洞穴，在自家门前停留片刻。那吃白食者仍旧纹丝不动。它们常常是面对面，间隔不到一指宽。双方都声色不动。隧蜂没有戒备伺机偷食的食客，至少，其外表之平静让人作如是想；而食客也丝毫没有担心自己的大胆行为会受到惩罚。面对一根指头就能把它压扁的巨人，这个侏儒却仍旧岿然不动。

我本想看到双方有哪一方表现出胆怯来，却未能如愿：没有任何迹象表明隧蜂已知自己家里有遭到打劫之虞；而食客也没有流露出任何因会遭到严厉惩处的担心。打劫者与受害者双方只是互相对视了片刻而已。

巨大的宽宏大量的隧蜂只要自己愿意，就可以用其利爪把这个毁其家园的小强盗给开膛破肚了，可以用其大颚压碎它，用其螫针扎透它，但隧蜂压根儿就没这么干，却任由那个小强盗血红着眼睛盯住自己的宅门，一动不动地待在旁边。隧蜂表现出这种愚蠢的宽厚到底是为什么呢？隧蜂飞走了。小飞蝇立刻飞进洞去，像进自己家门似的大大方方。现在，它可以随意地在储藏室里挑选了，因为所有的储藏室都是敞开着的；它还趁机建造了自己的产卵室。在隧蜂归来之前，没有谁会打扰它。让爪子沾满花粉，胃囊中饱含糖汁，是件颇费时间的活计，而私闯民宅者要干坏事也必须有充裕的时间。但罪犯的计时器非常精确，能准确地计算出隧蜂在外面的时间。当隧蜂从野外返回时，小飞蝇已经逃走了。它飞落在离洞穴不远的地方，待在一个有利位置，瞅准机会再次打劫。

万一小飞蝇正在打劫时，被隧蜂突然撞见，会怎么样呢？出不了大事的。我看见一些大胆的小飞蝇跟随隧蜂钻入洞内，并待上一段时间，而隧蜂则正在调制花粉和蜜糖。当隧蜂掺兑甜面团时，小飞蝇尚无法享用，于是它便飞出洞外，在门口等待着。小飞蝇回到太阳地里，并无惧色，步履平稳，这就明显地表明它在隧蜂工作的洞穴深处并未遇到什么麻烦事。

如果小飞蝇太性急，太讨厌，围着糕点转个不停，后颈上准会挨上一巴掌，这是糕点主人会有的举动，但也就仅此而已。盗贼与被偷盗者之间没有严重的打斗。这一点，从侏儒步履平稳、安然无恙地从忙着干活儿的巨人洞穴出来的样子就可以看得出来。

当隧蜂无论满载而归或一无所获地回到自己家中时，总要迟疑片刻；它迅速地贴着地面前后左右地飞上一阵。它的这种胡乱飞行让我首先想到的是，它在试图以这种凌乱的轨迹迷惑歹徒。它这么做确实是必要的，但它似乎并没有那么高的智商。

它所担心的并非敌人，而是寻找自家宅门时的困难，因为附近小土包一个又一个，相互重叠，昆虫小镇又街小巷窄，再加上每天都有新的杂物清理出来，小镇面貌日日有变。它的犹豫不决明显可见，因为它经常摸错了门，闯到别人家中。一看到门口的细微差异，它立刻知道自己走错门了。

于是，它重又努力地开始弯来绕去地探查，有时突然飞得稍远一点。最后终于摸到自家宅穴。它喜不自胜地钻了进去，但是，不管它钻得有多快，小飞蝇还是待在其宅门附近，脸冲着其门口，等待着隧蜂飞出来后好进去偷蜜。

当屋主又出了洞门时，小飞蝇则稍稍退后一点，正好留出让对方通过的地方，仅此而已。它干吗要多挪地方呀？二者相遇是如此的相安无事，所以如果不知道一些其他情况的话，你想不到这是窃贼与屋主间的狭路相逢。

小飞蝇对隧蜂的突然出现并没有惊慌失措，它只是稍加小心了点而已。同样，隧蜂也没在意这个打劫它的强盗，除非后者跟着它飞，纠缠于它。这时，隧蜂一个急转弯就飞远了。

吃白食者此刻也处于两难境地。隧蜂回来时甜汁在其嗉囊中，花粉沾在爪钳里，甜汁盗贼吃不着，花粉尚无定型，是粉末状的，也进不了口。再者，这一点点花粉也不够塞牙缝的。为了集腋成裘制成圆面包，隧蜂要多次外出去采集花粉。必需材料采集齐备之后，隧蜂便用大颚尖掺和搅拌，再用爪子将和好的面团制成小丸。如果小飞蝇把卵产在做小丸的材料上，经这么一番揉捏，那肯定是完蛋了。

所以，小飞蝇的卵将是产在做好的面包上面的，因为面包的制作是在地下完成的，吃白食者就必须进入隧蜂的洞宅之中。小飞蝇贼胆包天，果真钻下去了，即使隧蜂身在洞中也全然不顾。失主要么是胆小怕事，要么是愚蠢的宽容，竟然任窃贼自行其是。

小飞蝇悉心窥探、私闯民宅的目的并不是想损人利己，不劳而获；它自己就可以在花朵上找到吃的，而且并不费事，比这么去偷去抢要省劲儿得多。我在想，它跑到隧蜂洞中也就是想简单地品尝一下食物，知道一下食物的质量如何，仅此而已。它唯一的要事就是建立自己的家庭。它窃取财富并非为了自己，而是为了自己的后代。

我们把花粉面包挖出来看看。我们将会发现这些花粉面包经常是被糟蹋成碎末状，白白地浪费了。散落在储藏室地板上的黄色粉末里，我们会看见有两三条尖嘴蛆虫蠕动着。那是双翅目昆虫的后代。有时与蛆虫在一起的还有真正的主人——隧蜂的幼虫，却因吃不饱而孱弱不堪。蛆虫尽管不虐待隧蜂幼虫，却抢食了后者最好的食物。隧蜂幼虫可怜兮兮，食不果腹，身体每况愈下，很快便一命呜呼了。其尸体变成了微小颗粒，与剩下的食物混在一起，成了蛆虫的口中之物。

可隧蜂妈妈在孩子遭难之时在干什么呢？它随时都有空去看看自己的宝宝的，它只要探头进洞，便可清楚地知晓孩子们的惨状。圆面包糟蹋一地，蛆虫在钻来钻去，稍看一眼就全清楚是怎么回事了。那它非把窃贼子孙弄个肚破肠流不可！用大颚把它们咬碎，扔出洞外，简直是轻而易举的事。可是愚蠢的妈妈竟然没有想到这么做，反而任由鸠占鹊巢者逍遥法外。

随后，隧蜂妈妈干的事还要愚蠢。成蛹期来到之后，隧蜂妈妈竟然像封堵其他各室一样把被洗劫一空的储藏室用泥盖封堵严实。这最后的壁垒对于正在变形期的隧蜂幼虫来说是绝妙的防护措施，但是当小飞蝇来过之后，你这么一堵，那可是荒唐透顶了。隧蜂妈妈对这种荒唐之举却毫不犹豫，这纯粹是本能使然，它竟然还把这个空房给贴上封条。我之所以说是空房，是因为狡猾的蛆虫吃光了食物之后，立即抽身潜逃了，仿佛预见到日后的小飞蝇会遇到一道无法逾越的屏障似的。在隧蜂妈妈封门之前，它们就已经离开了储藏室。吃白食者既卑鄙狡诈，又小心谨慎。所有的蛆虫都会放弃那些黏土小屋，因为这些小屋一旦堵上，那它们就会葬身其间

18

的。 黏土小屋的内壁有波状防水涂层， 以防返潮， 小飞蝇的幼虫表皮很敏感娇嫩， 似乎对这种小屋倍感舒适， 是其理想的栖身之地， 然而蛆虫却并不喜欢。 它们担心一旦变成小飞蝇， 却被困在其中， 所以便匆匆离去， 分散在升降井附近。

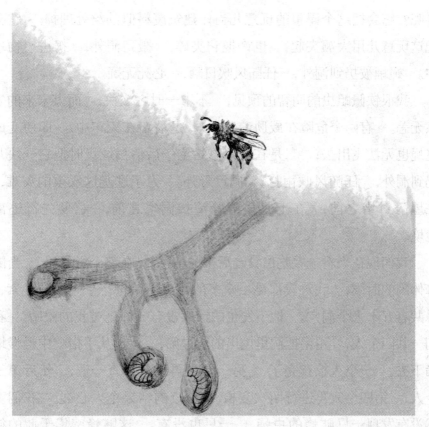

　　我挖到的小飞蝇确实都在小屋外面， 从未在小屋里面见到过它们。 我发现它们一个一个都挤在黏土里的一个窄小的窝儿内， 那是它们还是蛆虫时移居到此后营建的。 来年春天， 出土期来临时， 成虫只需从碎土中挤出去就能到达地面了， 这一点儿也不困难。
　　吃白食者的这种迫不得已的搬迁还有另一个也是十分重要的原因。 七月里， 隧蜂要第二次生育。 而双翅目的小飞蝇则只生育一次，其后代此时尚处于蛹的状态，只等来年变为成虫。采蜜的隧蜂妈妈正又开始在家乡小镇忙着采蜜；它直接利用春天建筑的竖井和小屋，这可大大地节约了时间！精心构筑的竖井房舍全都完好如初，只需稍加修缮便可交付使用。

如果生就喜欢干净的隧蜂在打扫屋子时发现一只蝇蛹，会怎么样呢？它会把这个碍事的玩意儿当作建筑废料似的给处理掉。它会把这玩意儿用大颚夹起，也许把它夹碎，搬到洞外，扔进废物堆中。蝇蛹被扔到洞外，任随风吹日晒，必死无疑。

我很钦佩蛆虫的明智的预见，不求一时之欢快，而谋未来的安然无恙。有两个危险在威胁着它：一是被堵在死牢中，即使变成飞蝇也无法飞出去；二是在隧蜂修缮宅子后清扫垃圾时把它一块儿扔到洞外，任随风吹雨打，抛尸野外。为了逃避这双重的灾难，在屋门封堵之前，在七月里隧蜂清扫洞宅之前，它便先行逃离险境。

我们现在来看一看吃白食者后来的情况。在整个六月里，当隧蜂休闲的时候，我对我那昆虫众多的昆虫小镇进行了全面的搜索，总共有五十来个洞穴。地下发生的惨案没有一件逃过我的眼睛。我们一共四个人，用手把洞里挖出的土过筛，让土从手指缝中慢慢地筛下去。一个人检查完了，另一个人再重新检查一遍，然后第三个人、第四个人再进行两次复检。检查的结果令人心酸。我们竟然没有发现一只隧蜂的虫蛹，一只也没有。这隧蜂密集于此的街区，居民全部丧生，被双翅目昆虫取而代之。后者呈蛹状，多得无以计数，我把它们收集起来，以便观察其进化过程。

昆虫的生活季结束了，原先的蛆虫已经在蛹壳内缩小，变硬，而那些棕红色的圆筒却保持静止不动状态。它们是一些具有潜在生命力的种子。七月的似火骄阳无法把它们从沉睡中烤醒。在这个隧蜂第二代出生期的月份中，好像上帝颁发了一道休战圣谕：吃白食者停工休整，隧蜂和平地劳作。如果敌对行动接二连三，夏天同春天时一样大开杀戒，那么受害太深的隧蜂也许就要灭种了。第二代隧蜂有这么大一段休养生息期，生态的平衡也就得以保持了。

四月里，当斑纹隧蜂在围墙内的小径上飞来飞去，寻找一个理想地点挖洞建巢时，吃白食者也在忙着化蛹成虫。啊！迫害者与受迫害者的历法是多么的精确，多么的令人难以置信呀！隧蜂开始建巢之时，小飞蝇也已准备就绪：它那以饥饿之法消灭对方的故伎又重新开始了。

如果这只是一个孤立的情况，我们就不用去注意它了：多一只隧蜂少一只隧蜂对生态平衡并不重要。可是，不然！以各种各样的方式进行杀戮抢掠已经在芸芸众生中横行无度了。从最低等的生物到最高等的生物，凡是生产者都受到非生产者的盘剥。以其特殊地位本应超然于这些灾难之外的人类本身，却是这类弱肉强食的残忍表现的最佳诠释者。人在心中想："做生意就是弄别人的钱。"正如小飞蝇心里所想："干活就是弄隧蜂的蜜。"为了更好地抢掠，人类创造了战争这种大规模屠杀和以绞刑这种小型屠杀为荣的艺术。人们每个星期日在村中小教堂里唱诵的那个崇高的梦想："荣耀归于至高无上的上帝，和平归于凡世人间的善良百姓！"① 我们将永远也看不到它会实现。如果战争关系到的只是人类本身，那么未来也许还会为我们保存和平，因为那些慷慨大度的人在致力于和平。但是，这灾祸在动物界也极其肆虐，而动物是冥顽不化的，是永远不会讲道理的。既然这种灾祸是普遍现象，那也许就是无法治愈的绝症了。未来的生活令人不寒而栗，将会如同今日之生活一样，是一场永无休止的屠杀。

于是，人们便挖空心思，终于想象出来一个巨人，能把各个

_____

① 原文为拉丁文。

星球把玩于股掌之中。他是无坚不摧的力量的化身，他也是正义和权力的代表。他知晓我们在打仗，在杀戮，在放火，野蛮人在获得胜利；他知晓我们拥有炸药、炮弹、鱼雷艇、装甲车以及各种各样的高级杀人武器；他还知晓包括草民百姓在内的因贪婪而引起的可怕的竞争。那么，这位正义者，这位强有力的巨人，如果他用拇指按住地球的话，他会犹豫着不把地球按碎吗？

他不会犹豫的，但他会让事物顺其自然地发展下去的。他心中也许会想：古代的信仰是有道理的；地球是一个长了虫的核桃，被邪恶这只蛀虫在啃咬。这是一种野蛮的雏形，是朝着更加宽容的命运发展的一个艰难阶段。我们随其自然吧，因为秩序和正义总是排在最后的。

# 圣甲虫

　　做窝筑巢、维护家庭，表现的是种种本能特性的最崇高的一种。鸟儿这灵巧的建筑师告诉了我们这一点；在本领方面更加多样化的昆虫也让我们见识了这一点。昆虫对我们说："母爱是本能的崇高灵感。"母爱旨在维护族类长期繁衍，这是远胜于保护个体的更加利害相关的大事，因此母爱在唤醒最迟钝的智力，使之高瞻远瞩。母爱远远高于神圣的源泉，不可思议的心智灵光便孕育其中，并会突然迸射而出，使我们顿悟一种避免失误的理性。母爱愈坚，本能愈优。

　　在这一方面最值得我们关注的是膜翅目昆虫，它们身上凝聚着最充分的母爱。它们所有的本能才干都倾注于为自己的子孙后代觅食谋屋。为了其复眼将永远也看不到而其母爱之预见性深深知晓的家族繁衍，它们是种种天赋才能的行家里手。有的是棉织品和许多絮状物品的编织能手；有的是细叶片篓筐的能工巧匠；有的是泥瓦匠，建造水泥房间、砖石屋顶；有的是陶瓷行家，用黏土制作高档的尖底瓮、坛罐和大肚瓶；有的擅长挖掘，在湿热的地下建造神秘的地宫。它们掌握着成百上千种技艺，与我们人类所掌握的相仿，甚至有些还不为我们所知，而它们却在用于住房的建设。随即便得考虑将来的食物：一堆堆的蜜，一块块的花粉糕，精心制作的野味罐头……这类的工程是专以家庭的未来为目的的，其中闪烁着在母爱的激励之下的本能的种种最高表现。

昆虫学范围内的其他一些昆虫，母爱一般来说都很浮皮潦草，敷衍塞责。几乎大多数的昆虫，只是把卵产在合适的地方就不管了，任由幼虫冒着危险和死亡去寻觅居所和食物。抚养如此马虎，才干有没有也就无所谓了。莱库古①把各种艺术统统从其共和国驱逐出去，他指责这些艺术是使人们萎靡不振、意志消沉的玩意儿。就这样，在以斯巴达方式养育的昆虫中，这些本能的高级灵感也就被去除掉了。母亲从温柔甜蜜的育婴中摆脱出来，那么一切特性中最最优秀的智能特性也就逐渐减弱，直至泯灭，因为的确是对于动物也好对于人类也好，家庭是尽善尽美的源泉。

---

① 莱库古：古代斯巴达共和国的著名立法者。

如果说对子孙后代关怀备至、体贴入微的膜翅目昆虫令我们赞叹不已，那么不顾后代死活、任其听天由命的其他昆虫相比之下就显得很不像话了。而所谓的其他昆虫则几乎是昆虫之全部，起码就我所知，在各地的动物志中，只见过第二个例子，这种昆虫为自己的家人准备食物和住所，比如采蜜的昆虫和埋野味篓的昆虫。

而奇怪的是，这类在细腻的母爱方面可与以花为食的蜂类相媲美的昆虫，竟然是以垃圾为对象，以净化被牲畜污染的草地为己任的食粪虫类。要想再找到不忘母亲职责又有丰富的母性本能的昆虫母亲，就必须离开芬芳四溢的花坛，转向大马路上被骡马拉下的粪堆。大自然中类似的两个极端比比皆是。对于大自然来说，我们的丑和美，我们的龌龊与干净算个什么？大自然以污秽创造出鲜花；用一点点粪肥就能给我们创造出优质的麦粒。

各种食粪虫尽管成天与粪便打交道，却享有一种美誉。它们的身材一般都小巧玲珑，穿戴庄重而且无可挑剔的光鲜，身子胖乎乎的，呈短壮体形，额头和胸廓上都佩戴着奇异饰物，因此在收藏家的标本盒里显得光彩照人，尤其是法国的那些品种，乌黑油亮，外加一些热带的品种，金光闪烁，黑紫油亮。

它们是畜群的挥之不去的客人，但它们身上散发出一种苯甲酸的微微香气，可以净化一下羊圈里的空气。它们那田园诗般的习性令昆虫分类词典的编纂者们大为震惊，因此他们这些以前不怎么关心其痛痒的学者们，这一回却改变了看法，对它们进行简介时也用上了一些听起来好听顺耳的名字：梅丽贝、迪蒂尔、阿曼达、科利冬、阿莱克西丝、莫普絮斯等。这些名字都是古代田园诗人们常用且叫响了的名字，维吉尔式的田园诗中的词汇被用来赞颂食粪虫了。

一堆牛粪堆儿上，瞧那个你争我夺的劲头儿呀！从全球各地蜂拥到加利福尼亚的淘金者们也没有它们的那股狂热劲儿。在太阳太毒之前，它们成百成百地奔来，大大小小，形状各异，体形有长有短，品种齐全，全都乱糟糟地爬来滚去，意欲在这个大蛋糕上为自己分上一份儿。有的在露天干活儿，在表层搜刮；有的钻进厚实的牛粪堆里，挖出地道，寻找优质矿脉；有的开凿底层，立即把财宝埋进地里；那些个头儿小又无力气的则待在一旁捡拾其身强力壮的合作者们掉下的渣渣屑屑什么的。有几个新来的想必是饿得不行，在原地就吃上了，但大多数则是想大捞一把，藏于安全之处，以备不时之需。当你想置身于百里香遍地的原野时，一点新鲜牛粪都见不到，突然来到这里，见到这么大堆大堆的宝物，那真是天赐之物呀，只有有福分的才有这么幸运。因此，它们便把今天这宝贵财富小心谨慎地收藏起来。粪香四溢，方圆一公里都能闻到，食粪虫们闻讯纷纷赶来，抢夺、瓜分这些美味食品。有几个落在后面的又跑又飞地正忙着往前赶。

那个生怕到得太晚而向着粪堆一溜儿小跑的是哪一位？它那长长的爪子僵硬笨拙地倒腾着，仿佛其肚腹下面有一个机械在推动着似的；它的那对棕红色小触角大张开来，透着垂涎欲滴的焦急不安。它在拼命地赶，它赶到了，还撞倒了几位食客。它就是圣甲虫，一身墨黑，是食粪虫中个头儿最大又最有名气的一种。古埃及对它尊崇备至，把它视作长生不老的象征。它已入席，与其同桌的食友并肩战斗，食友们正在用自己宽大的前爪心轻轻地拍打粪球，进行最后的加工，或者再往粪球上加上最后一层，然后抽身而去，回家安安心心地享用自己的劳动成果。我们来看一看那有名的粪球的一道道制作工序。

圣甲虫头部边缘是个帽子，宽大扁平，上有六个细尖齿，排成半圆。这就是它的挖掘和切割工具，是它的叉耙，可以用来撬起和抛撒无养分的植物纤维，把好东西耙在一起积聚起来。挑选食物就是这样进行的，因为对于这些精细的行家来说，什么好什么差它们是十分清楚的。 如果圣甲虫是为自己寻找食物的， 它们选个差不离儿就行了， 但如果是为了自己的孩子考虑的， 那它们则会严格挑选， 一丝不苟。

为解决自己的食物问题， 圣甲虫并不挑剔， 粗略地选一选就行了。 它用带齿的头盔拱一拱， 挑一挑， 去除不需要的， 然后把其他的归拢一下就得了。 两条前腿一起用力地忙活， 其前腿是扁平的， 弯成弓形， 上有粗壮的纹脉， 外侧配备着五个硬齿。 假如需要用力， 推开障碍物， 在粪堆中的最厚实的部分清出一条道来， 圣甲虫便用肘力， 也就是说用其带齿的前腿左扫右拨， 再用齿耙用力一耙， 便清出一个半圆形的空地来。 场地清好之后， 前腿还有另一种工作要做： 把顶耙耙到的东西归拢在一起， 弄到自己的肚腹下面的后面四只爪子之间去。 这后面四只爪子是生就为了做旋工工作的。 这些足爪， 尤其是那最后的一对， 又细又长， 微微弯曲成弓形， 顶端长有一个很锋利的尖爪。 稍许看上一眼就会知道它们酷似圆规， 在其弧形支脚之间， 环成一种球形， 可测量球面， 加工球形。 它们的功用确实是加工粪球的。

食物一耙一耙地被耙到肚腹下面的四条腿中间， 后腿再稍一用力， 就把粪球的雏形按腿部曲线给挤压成了。 然后， 这雏形粪球不时地被四条后腿形成的两副圆规摇动、 挤压， 逐渐变小变实， 再由肚腹加工， 粪球的形状臻于完善。 如果粪球表面层太硬， 有剥落的危险的话， 如果某一部分纤维太多， 无法旋的话， 前腿就对不合适的地方进行再加工， 它们用宽大的拍子轻轻拍打粪球， 使得新添加的东西与原先拍得很实的部分合二为一， 并把那些不易粘贴的东西拍实在粪球上。

烈日当空， 加工工作在紧张地进行着， 你可以看到活儿干得多么利索， 让你肃然起敬。 那活计如此这般地飞快地进行着： 一开始是个小弹丸， 现在变成了一粒核桃， 不一会儿就有苹果一般大小了。我曾见过食量大的圣甲虫竟然旋出一个拳头大小的粪球，这肯定得花好几天的工夫。

储备的食物制作完毕，现在就得撤出混乱的战场，把食物运到合适的地方。这时候圣甲虫最令人惊奇的习性开始展现出来了。圣甲虫迫不及待地上路了；它用两条长后腿搂住粪球，而后腿尖端利爪则插入球体中去，当作旋转轴；它以中间的两条腿作为支撑，而以前腿带护臂甲的齿足作为杠杆，双足轮流着按压、弓身、低头、翘臀，倒退着运送粪球。后腿是这部机器的主要部件，它们在不停地运作；它们一来一回，变换着足爪，以调整轴心，让负载物保持平衡，并在其一左一右地交替推动之下，把粪球往前滚动。这样一来，粪球表面各点都轮流地接触地面，使之不停地碾压，形状更加完美，而球面硬度因均匀地受压而趋于一致。

使劲儿呀！行了，它滚动了，它一定会被运到家的，当然少不了遇上困难。这一个困难说来就来，但还不算严重：圣甲虫碰到了一个斜坡，沉重的粪球要顺着斜坡滚下去的，但是圣甲虫认准了自己的理儿，偏要横穿这条天然道，这可够大胆儿的，稍一失足，稍踩到一点碍事的沙子，就会失去平衡，就前功尽弃了。果不其然，它脚下一出溜儿，粪球便滚到沟里去了；圣甲虫被滑落的粪球一带，弄了个仰面朝天，手脚乱蹬乱踢的。它终于翻转身来，追赶粪球。它的机器更加卖力地工作起来。——该当心点儿了，傻蛋儿；沿着沟底走，既省力又保险；沟底路好走，特别平坦；你不用太用力，粪球就能滚动向前的。——可是圣甲虫就是不听，它偏要再往那个对它来说是不祥之物的斜坡。也许再登高处对它来说是合适的。对此我无话可说，因为就身居高处的优越性而言，圣甲虫的看法比我的看法更有远见。——可你至少该走这条道呀，那是个缓坡，你很容易从那儿爬到顶上的。——它根本就不听，如果有什么很陡的、无法攀登的斜坡，那个顽固的家伙就

28

偏偏选中它。 于是， 西绪福斯①的工作开始了。 它小心翼翼地，一步一步地， 艰难万分地往上滚动那巨大的粪球。 它一直是倒退着在推动。 我在寻思， 它是运用何种稳定神功把这么个庞然大物稳定在斜坡上的。 啊！稍一协调不好， 它便白忙活半天了： 粪球滚落下去， 把它也连带着摔下去了。 然后， 它又开始往上爬， 不一会儿又摔了下去。 它随即又往上爬， 这一次走得挺好， 艰难路段总算通过了， 原来是一个禾本植物的根在作怪， 让它摔下去好几次，这一次它谨慎地绕开了这个该死的根。 再使一把力就到顶了， 但要小心再小心啊。 坡陡道艰， 稍有不慎便前功尽弃。 你瞧， 脚踩在光滑的卵石上， 一滑， 粪球和圣甲虫一起连滚带翻地又滑掉下去了。 可圣甲虫又开始往上爬， 仍旧坚忍不拔， 没有什么能使它气馁的。 十次、 二十次地试着这老也爬不上去的攀登， 最后， 它或者是以顽强的意志战胜了千难万险， 或者是经过更加缜密的思考，承认自己先前所做的无谓的努力， 它选择了平坦的路径， 终于如愿以偿， 完成了任务。

圣甲虫并非总是单独地运送那珍贵的粪球， 它经常要找一位同伴相帮， 或者说得更确切一些， 是同伴主动跑来帮忙。 一般情况下是这么干的： 一个圣甲虫制成了粪球之后， 便爬出纷乱熙攘的群体， 倒退着推动自己的战利品离开工地， 最晚赶来的那些圣甲虫有一个在它的身旁， 刚开始在制作自己的粪球， 便突然放下手中的活计， 奔向滚动着的粪球， 助那个幸运的拥有者一臂之力， 后者似乎很乐意接受这种帮助。 这之后， 这两个同伴便联手干起活儿来。它俩争先恐后地努力把粪球往安全的地方运去。 在工地上是否果真有过协议， 双方默许平分这块蛋糕? 一个在揉制粪球时， 另一个是

---

① 在本书《舒氏西绪福斯蜣螂与蜣螂父亲之本能》一章中已有描述。西绪福斯是希腊神话中的一个暴君，死后受到惩罚，在地狱中把巨石往山上推，快到山顶时，巨石又滑下来，他只好永无休止地推着。

否在挖掘富矿脉以提取原料，添加到共同的财富上去呢？我从未看到这种合作，我一直看到的只是每只圣甲虫都独自地在开采地点忙活着自己的活计。因此，后来者是没有任何既定权益的。

那么，是否是异性间的一种合作，是一对圣甲虫在忙着成家立业？有一段时间，我确实这么想过。两只圣甲虫，一前一后，激情满怀地在一起推动着那沉重的粪球，这让我想起了以前有人手摇风琴唱着的歌子：为了布置家什，咱们怎么办呀？——我们一起推酒桶，你在前来我在后。通过解剖，我便丢掉了这种恩爱夫妻的场景。圣甲虫从外表上看去是分不出雌雄来的。因此我把两只一起运送粪球的圣甲虫拿来解剖，我发现它们往往是同一个性别的。

既无家庭共同体，也无劳动共同体。那么这种表面上的合伙儿存在的理由是什么呢？理由很简单，纯粹是想打劫。那个热心的同伴假借着帮一把手，其实是心怀叵测，一有机会便抢走粪球。把粪粒制成球既累人又要有耐心；如果能抢个现成的，或者至少强行入席，那可就合算得多了。如果主人没有警惕，帮忙者就可抢了粪球逃之夭夭；如果主人的警惕性很高，那就以自己也出了一份力而二人同席。这一手怎么都可获益，因此抢掠就成了收效最好的一种手段。有的就阴险狡猾地这么去干了，正如我刚才所说的那样；它们兴冲冲地去帮一位同伴，其实后者根本用不着它们帮忙，而且它们装着好心好意，实际上心里暗藏杀机。还有一些圣甲虫，也许更加大胆，更加相信自己的实力，干脆直奔主题，强行抢走他人的粪球。

这种抢劫行径无处不在。一只圣甲虫独自推动着自己通过努力劳动所获得的合法收益安静地离去了。另外一只，也不知是从哪里冒出来的，飞来抢夺，身子重重地落下，把被烟熏了似的翅膀收在鞘翅下面，然后挥起带锯齿的臂甲的背面扇倒粪球的主人，后者正在忙着推动粪球，根本就无招架之力。当受袭者拼命挣扎，重新站稳脚跟时，攻击者已经立于粪球高处，那是击退对手的最有利的位置。它把臂甲收回胸前，准备迎敌，以防不测。失窃者围着粪球转来转去，寻找有利的出击点；盗窃者则立于城堡顶上不停地转动，始终面对着失窃者。如果失窃者立起身来攀登，盗窃者便朝前者的背部猛地一击。如果进攻者不改变策略来收回失物的话，那防守者因占据城堡高处，必将一次次地挫败对手的进攻。这时，进攻者企图把城堡及其守卫一并推翻。粪球底部受到摇晃，开始缓缓滚动起来，盗窃者也随着滚动，但它想尽办法始终立于粪球顶上。它做到了，但并非始终如此。它在不停地急速跟着转动，使自己保持平衡。万一脚下一滑，优势没了，那就只好与对手短兵相接，双方身体对身体，胸部对胸部，你顶我撞开来。它们的爪子绞在一起，节肢缠绕，角盔相撞，发出金属锉磨的尖厉之声。然后，把对手掀翻，挣脱开来的那一位便匆忙爬上粪球顶端，抢占有利地形。围困又开始了，忽而抢掠者被包围，忽而被抢者受包围，这全由肉搏时的胜败来决定。抢劫者无疑贼胆包天且敢于冒险，往往总是占据上风。因此，被抢劫者经过两次失败之后，便失去斗志，明智地回到粪堆去重新制作一个粪球。而那个抢劫得手者非常害怕已解除的险情会重新出现，便把抢掠来的粪球，赶忙往自己觉得保险的地方推去。有时候，我还看见有第二个抢劫者突然飞临，抢掠前一个窃贼的赃物。说心里话，我对它并不反感。

我徒劳无益地在寻思，那个把"财产即赃物"这个大胆的谬语狂言运用到圣甲虫的习俗中的普鲁东是何许人也？那个把"武力胜过权力"的野蛮法则在食粪虫中加以发扬光大的外交家是谁？由于手头缺少资料，我无法追本溯源地探清这些习以为常的抢劫行径，无法搞明白这种为了抢夺粪团而滥用武力的缘由，我所能肯定的只是抢劫骗取是圣甲虫的一种惯用伎俩。这些运送粪球的昆虫相互间你抢我夺，毫无顾忌，我还真没有见过其他昆虫这么厚颜无耻地干过。干脆，我把这种昆虫心理方面的问题留给未来的观察者们去探索吧，我还是回过头来谈谈那两个合伙运送粪球的家伙。

尽管用词不甚贴切，我还是称那两个合作者为合伙运送者。它们中一个是强行入伙，而另一个则也许是无可奈何地接受的，生怕会遇到更大的不测。它俩的相逢倒还算和气。合伙者到来之时，物主正一门心思在干自己的活儿；新来者似乎怀着最大的善意，立即投入工作。二人一推一拉，相互配合。物主占着主导位置，担当主角：它从粪球后面往前推，后腿朝上脑袋冲下。那个帮手则在前面，姿势与前者相反，脑袋朝上，带齿的双臂按在粪球上，长长的后腿撑着地。它俩一前一后把粪球夹在当中，粪球就这么滚动着。

它俩的配合并非总是很协调的，尤其是因为帮手背对路径，而物主的视线又被粪球遮挡住了。因此，事故频仍，摔个大马趴是常有的事，好在它们也泰然处之，摔倒了立即爬起来，仍旧是各就各位，各司其职。即使是在平地上，这种运输方式也是事倍功半的，因为二人的配合无法天衣无缝，其实只要在粪球后面的一个圣甲虫干，也照样会干得很快，而且干得更利索。那个帮手虽然差点儿弄得无法运送，但在表现出自己的善良意愿之后，决定稍事休息，当然，它是不会放弃它已视作是自己的财产的那个宝贝粪球。摸过的粪球就是自己的粪球。但它也不会掉以轻心贸然从事的，否则对方会把它给晾在那儿。

它把腿收回到肚腹下面，身子贴在（可以说是嵌在）粪球上，与之浑然一体。粪球和这个贴在其表面的帮手在合法主人的推动下一起往前滚动着。粪球在它的身下，随着粪球的滚动，它忽而在上，忽而在下，忽而在左，忽而在右，它毫不在乎。它就是要帮忙帮到底，而且是默默无闻的。这种帮手真少见，让别人用车推着自己，还要得一份儿酬劳！这时，前方遇到一个大斜坡，它只好帮一把手了。行到陡坡上时，它当上了排头兵，只见它用自己那带齿的双臂猛拽住笨重的大粪球，而其同伴，那个物主则在下方拼命抵住，一点点地往上顶着。我看见这两个合伙者，就这样一个在上方拽着，一个在下方顶扛着，配合十分默契地往坡上爬着，如果没二人的通力合作，光靠一个人是怎么也无法把粪球推上去的。但是，并非所有的人在这一艰难时刻都会表现出同样热情的。有一些圣甲虫在攀爬斜坡这种必须通力合作才行的时刻，似乎根本没有看见有困难要克服似的。当倒霉的西绪福斯在拼了小命试图越过障碍时，另一位则高高在上，稳坐钓鱼台，与粪球一起滚下，一起滚上。

我们假定那只圣甲虫很幸运，找到了一个忠实的合伙者，或者更好一些，假定它在途中没有碰上不请自来的同类，那么，一切就绪，可以进行下一步了。地窖已挖好，是一个在松土地上挖的洞，通常是在沙地上挖，洞不深，有拳头般大小，有一条细道与外界相通，细道大小正好够让粪球进入。粮食一入地窖，圣甲虫便躲在家里，用藏于角落里的杂物把地窖入口堵住。大门一关，外面根本看不出这里下面有个宴会厅。大功告成，它高兴万分；宴会厅里全都登峰造极！餐桌上摆满了奢华食物；天花板遮挡住当空烈日，只让一丝温馨湿润的热气透进来；心平气静，环境幽暗，外面的蟋蟀合唱声阵阵，这一切都有助于肠胃功能的发挥。我神思恍惚，突然觉得自己在俯身于地窖门口，只觉得有海洋女神伽拉忒亚的歌剧中的那段著名唱段隐约传来："啊！周围的一切都在忙忙碌碌时，无所事事是多么美妙。"

　　谁敢去打扰这样怡然自得的一个宴席呀？但是，拥有想探个究竟的欲望的人是什么都干得出来的，而这种胆量，我就有过。我把我私闯民宅的情况记录在此。我看到光一个粪球几乎就把宴会厅塞满了；这奢华的食物下抵地板上顶天花板。一条狭小的通道把粪球与墙体隔开。食者就在通道上用餐，顶多是两位，经常是独自一人，肚子贴在餐桌上，背顶着墙壁。座位一旦选好，就不再挪动了，然后便放开嘴吃起来，没有一点小的争吵，那样会少吃上一口的；也不挑挑拣拣的，否则就会浪费食物。一切都得按先后次序，一丝不苟地穿肠过肚。看到它们如此虔诚尽心地围着粪球在吃，你会以为它们意识到自己在完成大地净化的工作，它们知道自己投身的是那种以粪肥培育鲜花的精细化学工程，鲜花让人赏心悦目，圣甲虫的鞘翅能点缀春意盎然的草坪。马牛羊尽管消化系统很完美，但它们的排泄物中仍留有未消化的残留东西，而圣甲虫则把它们留下的那些残留物质加以利用，为此，圣甲虫就必须具备一套完整的工具。果然，通过解剖我惊叹地发现它的肠道出奇地长，盘来绕去，使得进入的食物可以慢慢地被吸收，直至最后一个可以利用的颗粒被消化掉为止。 因此， 食草动物未能吸收的东西， 食粪虫类昆虫的高效蒸馏器却可从中提取一些财富， 而这些财富稍加处理， 就变成了圣甲虫的墨黑的铠甲和其他食粪虫类昆虫的金黄色的和赤红色的胸甲。

不过， 这种令人赞叹不已的垃圾处理工作得在最短的时间内完成， 这是环境卫生所限定的。 而圣甲虫就具有这种也许其他昆虫所没有的很强的消化能力。 一旦食物进入地窖里， 圣甲虫便日夜不停地吃着， 直到把食物消灭干净为止。 当你有了一定的实践经验， 把圣甲虫关在笼子里养是很容易的。 我就是采用了这种办法获得了这些资料， 这对著名的圣甲虫的高效消化功能的了解大有裨益。

整个粪球就这么一点一点地依次通过消化道， 然后， 圣甲虫隐士便爬出地面， 寻找机遇， 找到后， 便再做粪球， 一切就又重新开始了。

有一天， 天气很热， 闷热无风， 这种氛围很适合我喂养的圣甲虫们大快朵颐。 于是， 我手里拿着表， 守在一个露天进食者的面前仔细观察着， 从早上八点一直盯到晚上八点。 这只圣甲虫似乎遇上了一块颇对胃口的食物， 整整十二个小时， 它都没停止过咀嚼， 始终待在餐桌前的同一个地点一动不动地吃个没完。 晚上八点钟时， 我最后看了它一次。 只见它的胃口始终未减， 那样子像刚开始吃时一样地起劲儿。 这宴席还持续了一段时间， 直到整个食物全部消灭干净为止。 第二天， 那只圣甲虫确实没再在那儿了， 头一天大嚼个没完的那块食物只剩下点渣渣末末了。

时针转了一圈还要多， 这么长的一幕就是进餐， 狼吞虎咽， 精彩至极， 但是， 那消化的一幕则更是妙不可言。 圣甲虫前头不停地吃， 后头则不断地排泄， 那已不再含营养成分的排泄物连成一条黑色细线， 如同鞋匠的细蜡绳。 它是边吃边排泄， 足见其消化之神速。 刚一开始咀嚼， 它那拔丝机便运转起来， 直到最后几口吃完之后，这机器才停止运转。那根细蜡绳从头到尾没有出现断头，始终挂在排泄口上，下面的则已盘成一堆，只要没有干透，则可以轻易展开来成为一条细长绳。

排泄的过程如同秒表一般精确。每隔一分钟，更精确地说是四十五秒，一小节排泄物便出来了，细绳则增长三四毫米。等细绳长到一定程度，我便把它截断，放在刻度尺上量量其长度。我测量的结果，总长度为十二小时两米八八。晚上八点，我是提着灯最后一次去查看的，这之后，圣甲虫又继续吃，所以进餐与制绳工作又持续了一段时间，所以圣甲虫拉成的那根没有断头的细长绳总长约为三米。

知道了绳长及其直径，排泄物的体积很容易便能测算出来。而要测出圣甲虫的精确体积，同样也不难，只要把它放入有水的量筒，查看一下水位线即可。所获得的数据并非没有意义：这些数据告诉我们，圣甲虫一次连续十二个小时的进食竟消化掉几乎与自己的体积相等的食物。多么好的胃呀，而且消化又是这么强，消化速度又这么快！一开始咀嚼，排泄物便立即被消化成细绳状，不停地拉长，直到进餐结束。在这台也许从不失业（除非加工的原料出现短缺）的蒸馏器里，原料一进入，立即由胃囊进行加工，吸收殆尽，然后排出。这使我不由得想到，这么一座如此高效地清除垃圾的实验室在环境卫生方面是可以起点作用的。

# 天　牛

　　年轻时，我曾经面对著名的肯迪拉克的雕像顶礼膜拜。肯迪拉克认为天牛具有很强的嗅觉，它嗅着一朵玫瑰花，然后仅仅依靠所闻到的香气，便能产生各种各样的念头。对于这种推理，整整二十年来我一直深信不疑，对于这位富有哲学思想的教士的神奇说教佩服得五体投地。我以为，只要嗅一下这个伟人的雕塑他就会活过来，能使我增强视觉、记忆、判断等方面的能力。然而，经我的良师们——昆虫们的耐心教导，我抛弃了这种幻想。昆虫们所提出的问题比起教士的说教来，更加深奥，更加使我受益匪浅。天牛将要告诉我的就是这种颇有教益的知识。

　　冬天即将来临，天老是灰蒙蒙的，这是冬日的明显前兆。我开始储备树段、木头，以备过冬取暖之用。我还向樵夫们订购了一些被蛀虫蛀得千疮百孔的朽木树段。樵夫们以为我是个傻子，暗地里在嘲讽我。我当然知道好木头更经烧，但我自有用处，他们也就按照我的要求去做了。

　　我有了一些满是虫眼的树干，有的是一条条伤痕，有的是一道道深沟，树枝被咬烂，树干遭啃啮。我观察到，在干燥的沟痕里，各种要过冬的昆虫都已经做好了宿营的准备。吉丁已经准备好了扁平的长廊；壁蜂用嚼碎的树叶在长廊里为自己修建好了房屋；

切叶蜂在前厅和蛹室里用树叶做好了睡袋；我在这一章中要介绍的天牛正在多汁的树干里休憩着，它可是毁坏橡树的罪魁祸首。

天牛的幼虫非常奇特，它们就像是一段蠕动着的小肠子。每年仲秋时节，我都能看到两种年龄段的天牛幼虫：年长些的幼虫有一根手指头那么粗；年幼些的幼虫则粗如粉笔。此外，我也见到过颜色深浅各不相同的天牛蛹，以及一些完全成形了的天牛。它们的腹部都是鼓鼓的。待到春暖花开、天气暖融融的时候，它们就会爬出树干。它们在树干里大约要生活三年时间。天牛是怎么度过这漫长的孤独的囚徒似的生活的呢？它们缓慢地在粗壮的橡树干内爬行，在挖掘通道，以挖掘出来的东西充饥。天牛的上颚如同木匠的半圆凿，黑乎乎的，短短的，却非常坚硬有力，虽无锯齿，却像是一把边缘锋利的汤勺，是天牛用来挖掘通道的有力工具。被凿出来的木屑，经幼虫消化之后被排泄出来，堆积在其身后，留下一条被吞噬过的深痕。幼虫一边在挖掘通道，一边在进食。随着工程的进展，道路开通了；随着残渣不断地阻断了后路，幼虫在不断地向前。就这样，幼虫既获得了食物，又得到了安身之所。

天牛幼虫将肌体的全部力量都集中到身体的前半部，使之成为杵头状，这样，两片半圆凿形的上颚便可顺利地进行工作。上颚既然充当挖掘的工具，就必须有很强的支撑和强劲的力量。天牛幼虫便用围绕其嘴边的黑色角质盔甲来加固它那半圆凿形的上颚。除了这硬硬的上颚以外，其身体的其他部位的皮肤却是非常细腻的，而且白如象牙。皮肤之所以如此细腻与洁白，全都是其体内所含的丰富脂肪导致的。确实也是，幼虫每天唯一要做的事，就是整天不停地啃噬；不停地进入幼虫胃里的木屑，在不断地给它补充着营养。

幼虫的足分三个部分：第一部分呈圆球状，最后一部分为细针状，这两部分都是退化了的器官。它的足长只有一毫米，对于爬行并不起什么作用，因为身体肥胖，足够不着支撑面，连支撑身体都不能够，又怎么可以爬行呢？幼虫用来爬行的器官属于另一种类型。它既可以仰面爬行，也可以腹部冲下爬行，灵活自如。它用爬行器官取代了胸部那软弱无力的足。这种爬行器官与众不同，长在背部。

天牛幼虫有七个环节，上下长着一个满是乳突的四边形平面。这些乳突可使幼虫随心所欲地膨胀、突出、下陷、摊平。上面的四边形平面又一分为二，从背部的血管分开来；下面的四边形平面则看不出有两个部分。这就是天牛幼虫的爬行器官。如果幼虫想要往前，它便先把后部的步带鼓起来，也就是说，把背部和腹部的步带鼓起来，压缩前半部的步带。由于表面很粗糙，后面的几个步带便把身体固定在狭窄的通道壁上，以得到支撑。在压缩前面的几个步带的同时，它尽量地把身子伸长开来，缩小身体的直径，使它能够向前滑动，爬行半步。当它走完一步时，它还要在身体伸长之后，把后半部身子拖上前来。为此，幼虫必须让前部步带鼓胀起来，作为支点，同时，又让后部步带放松，让体节自由收缩。

幼虫凭借背部与腹部的双重支撑，交替收缩和放松身体，能够在自己所开凿的隧道里进退自如。但是，假如上方和下方的行走步带只能动用一个时，那么幼虫就无法前进了。假如把幼虫放在表面很光滑的桌面上，它便会慢慢地弯起身子，动弹个不停，一会儿伸长身子，一会儿收缩身子，总也无法向前爬去。等你把它放到有裂痕的橡树干上时，它便神气起来，因为橡树皮很粗糙，凹凸不平，像是被撕裂开来似的，它可以在上面从左往右、从右往左地缓缓地扭动身子的前半部，抬起，放低，一再重复这一动作。这是幼虫最大的行动幅度。幼虫那已经退化了的足一直都没有动，一点作用也起不了。如果说这些残肢废足作为成年天牛的前身而存在的话，成虫那敏锐的眼睛在幼虫身上却未见丝毫雏形。在幼虫身上，看不到任何微弱的视觉器官的痕迹存在。幼虫生活在树干内，黑漆漆的一片，视力又有何用？与此同时，幼虫也没有听觉。在橡树树干那黑暗的深处，没有任何声响，与视觉一样，听觉自然也失去了作用。如果谁对此心存疑惑，我们不妨来做一个实验，以便释疑解惑。我把树干剖开来，留下半截通道，便可以跟踪监视在树干里面正在劳作的居民。环境十分安静，幼虫忽而挖掘前方的长廊，忽而停下活计，歇息一会儿。休息的时候，它便用步带将身子固定在通道的两侧壁上。我趁它休息之机，想测试一下它对声音的反应。我先用硬物互相敲击，继而用金属击打发出回响，最后改用锉刀锉锯子，却未见到天牛幼虫有什么反应。它对这种种声响无动于衷，既不见它的皮肤有任何的颤动，也不见它有何警觉的表现，即使我用尖尖的硬物刮擦它身旁的树干，模仿幼虫啃啮树干发出的声音，也都不能奏效。这就足以证明天牛幼虫毫无听觉。

那么，天牛幼虫是否有嗅觉能力呢？各种情况都在表明它不具有嗅觉能力。嗅觉只是作为寻找食物的辅助功能，但天牛幼虫却用不着费心劳神地去寻找食物。它的住所就是它的食物，它所栖身的木头就在向它提供活命的东西。另外，我也对此做过实验。我找了一段柏树，把树干挖了一条沟痕，直径与天牛幼虫所挖掘的长廊的直径一样大小，然后，我就把幼虫置于其中。柏树的气味浓重，具有大多数针叶植物所具有的那种很浓烈的树脂味。当我把幼虫一放到那条沟痕里去的时候，它很迅速地便爬到了通道的尽头，然后就一动不动了。它的这种静止不动不正是它没有嗅觉能力的证明吗？天牛幼虫长期生活在橡树干里，树脂这种独特的气味应该引起它的不适或厌恶的，它本应通过身体的颤动或逃跑的企图来表现自己的厌恶之感的，但是，它却并没有做出这种反应来。它在找到合适的位置时，便立刻停下脚步，待着歇息，一动不动了。然后，我又做了另外一个实验。我把一小包樟脑放在长廊里，离天牛幼虫很近，仍然未见它什么反应。然后，我又用萘做了同样的实验，结果依然相同。做了这么多实验之后，我觉得天牛幼虫没有嗅觉能力是毋庸置疑的了。

当然，它肯定是有味觉的。只是这种味觉应该属于"残缺不全"的。天牛幼虫在橡树树干中一直生活了三年，其食物很单一，就是橡树木纤维，别无其他。那么，幼虫对这唯一的食物又会有什么评价呢？顶多也就是吃到新鲜多汁的橡树干时会觉得很鲜美，而吃到干燥无汁的树干时便觉得没太大滋味罢了。

剩下的就是它的触觉了。它的触觉点分布得很散，而且是被动的。任何有生命的肉体都具有触觉，一旦被尖刺儿刺着，就会觉得疼痛，就会抽搐、扭曲。总之，天牛幼虫的感觉只有味觉与触觉，而且还都非常迟钝。

我不禁在想，既然如此，那么天牛幼虫这种消化功能很强但感觉功能却极弱的昆虫，其心理状态又是由什么构成的呢？触觉与味觉会给那些已经退化了的感觉器官带来些什么呢？很少，几乎什么也没有。天牛幼虫只知道，好的木头有一种收敛性的味道，未经精心刨光的通道壁会刺痛皮肤，仅此而已。这就是天牛幼虫的智力所能达到的最大程度。而肯迪拉克却错误地认为，天牛具有很好的嗅觉，这是科学的一个奇迹，一颗灿烂的宝石。它可以回想往事，可以比较，判断，甚至推理。可是，现实中，这个几乎似睡非睡、似醒非醒的大腹便便的昆虫，它真的会回忆、会比较、会推理吗？我就认为天牛幼虫犹如一截会爬行的小肠而已，我觉得我的这一比喻十分贴切，天牛幼虫的全部感觉能力，就是一截小肠所能拥有的能力罢了。

不过，也别小看了这个小家伙，它虽然对自己现在的情况昏昏然，却能预知未来，具有神奇的预测能力。对我的这一奇怪的观点，请读者允许我慢慢地道来。在整整三年的时间里，天牛幼虫在橡树干里过着流浪的生活。它爬上爬下，忽而在这里，忽而又在那里；为了另一处的美味，它会放弃眼下正在吞噬的木块，不过它始终不会远离树干深处，因为这儿温度适宜，环境幽静而安全。当危险的日子来临时，它将被迫离开隐蔽所，去面对外界的种种危险。光吃还不够，它还得离开自己的生活之地。天牛幼虫有着精良的挖掘工具和强健的身体，钻入另一处去躲灾避祸，对它来说并不犯难。但是，未来的成虫天牛，将去外界度过它那短暂的时光，那么，它是否具有这样的能力呢？在橡树干内那幽暗的环境中诞生的长角昆虫，它知道替自己挖掘一条逃离的通道吗？

这就必须依靠天牛幼虫凭借自己的直觉去解决这一难题了。我又做了点实验，以弄清这一问题。在实验中，我发现，成年天牛若想利用幼虫挖掘的通道从树干深处逃逸，是不可能的事。天牛幼虫的通道犹如一座迷宫，十分复杂，非常长，不见尽头，而且还堆满了坚硬的障碍物，另外，其直径又是从尾部往前逐渐地在缩小。幼虫钻入橡树干时，它只有一段麦秸那么长那么细，而此刻它已变得如手指头一般粗细了。它在树干里三年的挖掘工作，始终是根据自己的身体大小进行挖掘的。结果不言自明，幼虫钻入树干的通道和行动路线对于成年天牛的离去已经起不了作用了。成年天牛触角很长，足也不短，而且其甲壳也无法折叠，原先的那条通道对它来说已经是一个无法逾越的障碍了；它若想以这通道为逃逸之路，就必须清除掉坑道内的障碍物，并且还要大大地拓宽通道。这么一来，倒不如另辟蹊径，挖掘一条新的通道来得便当一些。但是，成年天牛有这种能力吗？我们不妨做一实验来观察一番。我把一段橡树干一劈两半，并在其中挖掘出一些适合成年天牛的洞穴。在每一个洞穴中，我都放了一只刚刚变态了的成年天牛。这些天牛是我十月份从冬储木柴中发现的。

然后，我便把两半树干用铁丝紧紧地捆在一起。六月已经来到。只听见树干里传出来敲击的声音。它们能够出来吗？它们是不是没法从里面逃出来呀？我原以为从里面逃出来，对它们来说易如反掌，因为它们只要钻一个两厘米长的通道便可逃生了。可是，竟然未见一只天牛从树干里跑出来。等到树干里面听不见一点动静时，我颇觉蹊跷，便把捆着的树干松开，却发现里面的俘虏们全都死了。洞穴里只有一小撮木屑，还不足抽了一口烟的烟灰量。这就是它们的全部劳动成果。

我对成年天牛的上颚估计过高，以为它是无坚不摧的利器，但是，工具好并不一定就能造就一名好的工匠。尽管良好的挖掘工具在握，但长期隐居者却缺少技艺，只好在洞穴里等死。然后，我又找了一些成年天牛，对它们进行比较缓和点的实验。我把它们拘于直径与天牛的天然通道的直径相同的芦苇管里。我找了一块天然隔膜作为障碍物，这隔膜很薄，只有三四毫米厚，一捅就破。经实验发现，有一些天牛能够从芦苇管里逃生，有一些则死于其中。这就说明，遇到障碍，勇往直前者胜。一个隔膜这么小小的障碍都闯不过去，待在坚硬的橡树干里岂不必死无疑。

从这些实验的结果来看，我相信，天牛成虫徒有其表，外强中干，靠自己的力量竟然无力逃离树干监牢。劈开逃生门，还得仰仗貌不惊人的肠子状的天牛幼虫的智慧。这种情况在告诉我们，幼虫天牛在以另一种方式再现卵蜂的壮举。卵蜂的蛹身上带有钻头，为以后那长翅无能的成虫挖掘通道。天牛幼虫不知是由于何种神秘预感的驱动，离开其安然宁静的隐蔽所，离开其无法攻破的城堡，爬向橡树表面，不顾其正在寻找美味多汁的昆虫的天敌对它的威胁。幼虫就这么冒着生命危险，勇敢无畏地挖掘着通道，一直挖到橡树表层，只留下一层薄薄的阻隔作为窗帘，遮挡自己。有些冒失的幼虫，甚至把这块窗帘捅破，干脆留出了一个洞口。这儿就是天牛成虫的出口，它只需用上颚和额角轻轻地一触，就能把窗帘捅破，得以逃生。刚才已经说了，有的幼虫连窗帘也不留，干脆就留出了一个洞口，天牛成虫无须劳作，便可直接逃离。每到春暖花开，天气转暖时，身披古怪羽饰、笨手笨脚的成虫便从黑暗中出来了。

天牛幼虫在把逃生之路准备完毕之后，又开始忙活起眼前的活计来。

挖好逃生通道，它就退回到长廊中不太深的地方，在出口一侧，凿了一个蛹室。这间蛹室陈设豪华，壁垒森严，前所未见。蛹室为一扁椭圆形的宽敞的窝，长有近百毫米，扁椭圆结构的两条中轴，长度不同，横向轴长二十五到三十毫米，纵向轴则只有十五毫米。这么大的空间，比成虫的体积要大，使成虫的足部可以自由伸展。当打破壁垒，逃出牢笼的时刻到来的时候，这样的蛹室是不会让天牛成虫感到有任何不便的。

这儿所说的壁垒，是指蛹室的封顶，那是天牛幼虫为了防御外敌入侵而建造的。封顶有两层或三层。外层由木屑构成，那是天牛幼虫挖掘树干时留下的残留物；里面的一层是一个矿物质的白色封盖，呈凹半月形。通常，在最内侧还有一层木屑壁垒与前两层连在一起。有了这种多层壁垒的保护，天牛幼虫便可在房间里踏踏实实地为变成蛹做准备工作了。天牛幼虫从房间壁上锉下来一条一条的木屑，这便是细条纹木质纤维的呢绒。天牛幼虫又把这些呢绒贴回到房间四周的墙壁上去，铺成壁毯，厚度几近一毫米。这就是天牛幼虫在自己蛹室墙壁上挂上的精细双面绒挂毯。我们不难看出，天牛幼虫为了变成蛹，在不停地劳作，作了精心的准备。

我们再来看看这间房间布置得最奇特的那个部分——那层堵住入口的矿物质封盖。这个封盖是个椭圆形帽状封盖，呈白石灰色，系坚硬的含钙物质，内部十分光滑，外面呈颗粒状突起，犹如橡栗的外壳。这种颗粒状突起表明，这层封盖是天牛幼虫用糊状物一口一口地筑成的。封盖外部由于无法触碰到，幼虫无法加以修饰，因而凝固成了细小的突起。而内侧的那一面在天牛幼虫力所能及的范围内，所以被抹得光滑平整。这种封盖像钙一样，既坚硬又容易破碎。不用加热，它就能溶于硝酸，并且立即释放出气体来。不过，溶解过程却比较缓慢，一小块封盖往往需要几个小时的时间才能逐渐地溶化掉。溶化之后，剩下一些泛黄的沉淀物质，看上去像是有机物。如果对封盖进行加热，它就会变黑，足见其中含有可以凝结矿物的有机物。如果在溶液中加入草酸，溶液会变得浑浊，并留下白色沉淀。这种情况说明，其中含有碳酸钙。我原想从中发现一些尿酸氨的成分，因为在昆虫变成蛹的过程中，常见有尿酸氨存在，可是，我在封盖的溶液里，并未发现有尿酸氨。因此，我可以认为，封盖仅仅是由碳酸钙和有机凝合剂构成的，这种有机物大概是蛋白质，使钙体变得十分坚硬。

我相信，天牛幼虫的胃部是分泌这些石灰质物质的器官，而这一能乳化的生理器官为它提供了钙质。胃从食物里把钙分离出来，或者直接得到钙，或者通过与草酸氨的化学反应来获得。在幼虫期结束时，它便将所有的异物从钙中剔除，并将钙保存下来，留作构筑壁垒之用。这一点并不令人惊讶，某些芫菁科昆虫，如西塔利芫菁，通过化学反应能在体内产生尿酸氨；飞蝗泥蜂、长腹蜂、土蜂等，就是在自己体内生产茧所需要的生漆的。

通道修筑完工，房间粉刷装饰完毕，用三重壁垒封好之后，灵巧而勤劳的天牛幼虫便完成了自己的使命，挖掘工具也完成了其历史使命，它便进入了蛹期。襁褓状态之下的蛹十分虚弱，躺在柔软的睡垫上，头始终冲着门的方向。这一点看似无关紧要，实际上却是至关重要的。天牛幼虫身子柔软，伸缩翻转，随心所欲，因此，在这间小房间里，头无论朝向何方，都无伤大雅。可是，从蛹中出来的天牛成虫却没有随心所欲地翻来倒去的自由，它浑身披挂着坚硬的角度盔甲，无法在小房间内将身体从一个方向转向另一个方向，甚至因房间太狭小，连弯曲一下身子都办不到。所以，它的头必须始终冲着出口，否则便会在自己所建造的囚室里等死。不过，不必担心有这种意外发生，因为这节小肠素来知晓未雨绸缪，早就为将来做好了准备，不会出此差错，头朝里地进入蛹期的。到了该出洞的时节，向往光明的天牛的面前没有太大的障碍，只不过是一些细碎的木屑，扒拉几下便可以清理掉的。然后，便是那层石质封盖，它也用不着费心乏力地去把它打碎，只要用其坚硬的前额这么一顶，或者用足这么一推，封盖便会整体松动，从框框里脱落。我发现，被弃置的封盖全都完好无损。最后就是那第二层壁垒了，是木屑构成的，这就更不在话下，比第一层更加容易清除。这么一来，通道畅通，天牛成虫只要沿着通道便可准确地爬到出口。如果窗帘没有掀开，它只需用牙一咬，那薄薄的窗帘也就破了，这对它来说，易如反掌。它终于走出了黑暗，见到了光明，长长的触须激动得不停地颤抖着。

# 蝉出地洞

　　将近夏至时分，第一批蝉出现了。在人来人往、被太阳暴晒、被踩踏瓷实的一条条小路上，张开着一些能伸进大拇指、与地面持平的圆孔洞。这就是蝉的幼虫从地下深处爬回地面来变成蝉的出洞口。除了耕耘过的田地以外，几乎到处可见一些这样的洞。这些洞通常都在最热最干的地方，特别是在道旁路边。出洞的幼虫有锐利的工具，必要时可以穿透泥沙和干黏土，所以喜欢最硬的地方。

　　我家花园的一条甬道由一堵朝南的墙反射阳光，照得如同到了塞内加尔一样，那儿有许多的蝉出洞时留下的圆洞口。六月的最后几天，我检查了这些刚被遗弃的井坑。地面土很硬，我得用镐来刨。

　　地洞口是圆的，直径约两厘米半。在这些洞口的周围，没有一点儿浮土，没有一点儿推出洞外的土形成的小丘。事情十分清楚：蝉的洞不像粪金龟这帮挖掘工的洞，上面堆着一个小土堆。这种差异是二者的工作程序所决定的。食粪虫是从地面往地下掘进；它是先挖洞口，然后往下挖去，随即把浮土推到地面上来，堆成小丘。而蝉的幼虫则相反，它是从地下转到地上，最后才钻开洞口，而洞口是最后的一道工序，一打开就不可能用来清理浮土了。 食粪虫是挖土进洞， 所以在洞口留下了一个类鼹鼠丘； 而蝉的幼虫是从洞中出来， 无法在尚未做成的洞口边堆积任何东西。

蝉洞约深四分米。 洞是圆柱形， 因地势的关系而有点弯曲，但始终要靠近垂直线， 这样路程是最短的。 洞的上下完全畅通无阻。 想在洞中找到挖掘时留下的浮土那是徒劳的， 哪儿都见不着浮土。 洞底是个死胡同， 成为一间稍微宽敞些的小屋， 四壁光洁，没有任何与延伸的什么通道相连的迹象。

根据洞的长度和直径来看， 挖出的土有将近两百立方厘米。 挖出的土都跑哪儿去了呢？ 在干燥易碎的土中挖洞， 洞坑和洞底小屋的四壁应该是粉末状的， 容易塌方， 如果只是钻孔而未做任何其他加工的话。可我却惊奇地发现洞壁表面被粉刷过，涂了一层泥浆。洞壁实际上并不是十分光洁，差得远了，但是，粗糙的表面被一层涂料盖住了。洞壁那易碎的土料浸上黏合剂，便被粘住不脱落了。

蝉的幼虫可以在地洞中来来回回，爬到靠近地面的地方，再下到洞底小屋，而带钩的爪子却未刮擦下土来，否则会堵塞通道，上去很难，回去不能。矿工用支柱和横梁支撑坑道四壁；地铁的建设者用钢筋水泥加固隧道；蝉的幼虫这个毫不逊色的工程师用泥浆涂抹四壁，让地洞长期使用而不堵塞。

如果我惊动了从洞中出来爬到近旁的一根树枝上去，在上面蜕变成蝉的幼虫的话，它会立即谨慎地爬下树枝，毫无阻碍地爬回洞底小屋里去，这就说明即使此洞就要永远被丢弃了，洞也不会被浮土堵塞起来。

这个上行管道不是因为幼虫急于重见天日而匆忙赶制而成；这是一座货真价实的地下小城堡，是幼虫要长期居住的宅子。墙壁进行了加工粉刷就说明了这一点。如果只是钻好之后不久就要丢弃的简单出口的话，就用不着这么费事了。毫无疑问，这也是一种气象观测站，外面天气如何在洞内可以探知。幼虫成熟之后要出洞，但在深深的地下它无法判断外面的气候条件是否适宜。地下的气候变化太慢，不能向幼虫提供精确的气象资料，而这又正是幼虫一生中最重要的时刻——来到阳光下蜕变——所必须了解的。

幼虫几个星期地，也许几个月地耐心地挖土、清道、加固垂直洞壁，却不把地表挖穿，而是与外界隔着一层一指厚的土层。在洞底它比在别处更加精心地修建了一间小屋。那是它的隐蔽所、等候室，如果气象报告说要延期搬迁的话，它就在里面歇息。只要稍微预感到风和日丽的话，它就爬到高处，透过那层薄土盖子探测，看看外面的温度和湿度如何。

如果气候条件不如意，如果刮大风下大雨，那对幼虫蜕变是极其严重的威胁，那谨小慎微的小家伙就又回到洞底屋中继续静候着。相反，如果气候条件适宜，幼虫便用爪子捅几下土层盖板，便可以钻出洞来。

　　似乎一切都在证实，蝉洞是个等候室，是个气象观测站，幼虫长期待在里面，有时爬到地表下面去探测一下外面的天气情况，有时便潜于地洞深处更好地隐蔽起来。这就是为什么蝉在地洞深处建有一个合适的歇息所，并将洞壁涂上涂料以防止塌落的原因之所在。

　　但是，不好解释的是，挖出的浮土都跑到哪儿去了？一个洞平均得有两百立方厘米的浮土，怎么全都不见了踪影？洞外不见有这么多浮土；洞内也见不着它们。再说，这如炉灰一般的干燥泥土，是怎么弄成泥浆涂在洞壁上的呢？

　　蛀蚀木头的那些虫子的幼虫，比如天牛的和吉丁的幼虫，好像应该可以回答第一个问题。这种幼虫在树干中往里钻，一边挖洞，一边把挖出来的东西吃掉。这些东西被幼虫的颚挖出来，一点一点地被吃下，消化掉。这些东西从挖掘者的一头穿过，到达另一头，滤出那一点点的营养成分后，把剩下的排泄出来，堆积在幼虫身后，彻底堵塞了通道，幼虫也就不得再从这儿通过了。由胃或颚进行的这种最终分解，把消化过的物质压缩成比没有伤及的木质更加密实的东西，致使幼虫前边就出现一个空地儿，一个小洞穴，幼虫可以在其中干活儿。这个小洞穴很短小，仅够关在里面的这个囚徒行动的。

　　蝉的幼虫是不是也是用类似的方法钻掘地洞的呢？当然，挖出来的浮土是不会通过幼虫的体内的，而且，泥土，哪怕是最松软的腐殖土，也绝不会成为蝉的幼虫的食物的。但是，不管怎么说，被挖出来的浮土不是随着工程的进展在逐渐地被抛在幼虫身后了吗？

　　蝉在地下要待四年。 这么漫长的地下生活当然不会是在我们刚才描绘的准备出洞时的小屋中度过的。 幼虫是从别处来到那儿的，想必是从比较远的地方来的。 它是个流浪儿， 把自己的吸管从一个树根插到另一个树根。 当它或因为冬天逃离太冷的上层土壤， 或因为要定居于一个更好的处所而迁居时， 它便为自己开出一条道来，同时把用颚这把镐挖出的土抛在身后。 这一点是无可争辩的。 如同天牛和吉丁的幼虫一样， 这个流浪儿在移动时只要很小的空间就足够了。 一些潮湿的、 松软的、 容易压缩的土对于它来说就等于是天牛和吉丁幼虫消化过后的木质糊糊。 这种泥土很容易压缩， 很容易堆积起来， 留出空间。

　　困难来自另一个方面。 蝉洞是在干燥的土中挖掘而成的， 只要土始终保持干燥， 那就很难压紧压实。 如果幼虫开始挖通道时就把一部分浮土扔到身后的一条先前挖好现已消失的地道中去， 这也是比较有可能的， 尽管还没有任何迹象可以证明这一点。 不过， 如果考虑到洞的容量以及极难找到地方堆积这么多的浮土的话， 你就又会怀疑起来， 心想："这么多的浮土， 必须有一个很大的空间才能存放得下， 而这个空间的挖成也同样要出现许多的浮土的， 要存放起来同样是困难重重。 这样就又得有一个空间， 同样也就又会有许多浮土， 如此循环不已。" 就这么转来转去， 没有个头。 因此， 光是把压紧压实的浮土抛到身后尚无法解释这个空间的出现这一难题。 为了清除掉碍事的浮土， 蝉应该是有一种特殊的法子的。我们来试试解开这个谜。

　　我们仔细观察一只正在往洞外爬的幼虫。 它或多或少总要带上点或干或湿的泥土。 它的挖掘工具——前爪尖上粘了不少的泥土颗粒； 其他部位像是戴上了泥手套； 背部也满是泥土。 它就像是一个刚通完阴沟的清洁工。 这么多污泥让人看了惊讶不已， 因为它是

52

从一个很干燥的土里爬出来的。 本以为会看见它满身的粉尘， 却发现它是一身的泥污。

再顺着这个思路往前观察一下， 蝉洞的秘密就解开了。 我把一只正在对其洞穴进行挖掘的幼虫给挖了出来。 我运气真好， 幼虫正开始挖掘时我便有了惊人的发现。 一个大拇指一样长的地洞， 没有任何的阻塞物， 洞底是一间休息室， 眼下全部工程就是这个状况。那位辛勤的工人现在是个什么样呢？ 就是下面的这种状况。

这只幼虫的颜色比我在它们出洞时捉到的那些幼虫显得苍白得多。 眼睛非常大， 特别白， 浑浊不清， 看不清东西。 在地下视力有什么用？ 而出了洞的幼虫的眼睛则是黑黑的， 闪闪发亮， 说明能看得见东西。 未来的蝉儿出现在阳光下， 就必须寻找， 有时还得到离洞口挺远的地方去寻找将在其上蜕变的悬挂树枝。 这时候视力就非常重要了。 这种在准备蜕变期间的视力的成熟足以告诉我们幼虫并非仓促地即兴挖掘自己的上行通道的， 而是干了很长的时间。

另外， 苍白而眼盲的幼虫比成熟状态时体型要大。 它身体内充满了液体， 就像是患了水肿。 用指头捏住它， 尾部便会渗出清亮的液体， 弄得全身湿漉漉的。 这种由肠内排出来的液体是不是一种尿液？ 或者只是吸收液汁的胃消化后的残汁？ 我无法肯定， 为了说起来方便， 我就称它为尿吧。

喏， 这个尿液就是谜底。 幼虫在向前挖掘时， 也随时把粉状泥土浇湿， 使之成为糊状， 并立即用身子把糊状泥压贴在洞壁上。这具有弹性的湿土便糊在了原先干燥的土上， 形成泥浆， 渗进粗糙的泥土缝隙中去。 拌得最稀的泥浆渗透到最里层， 剩下的则被幼虫再次挤压、 堆积， 涂在空余的间隙中。 这样一来， 坑道便畅通无阻了， 一点浮土都不见了， 因为已被就地和成了泥浆， 比原先的没被钻透的泥土更瓷实、 更匀称。

幼虫就是在这黏糊糊的泥浆中干活儿来着， 所以当它从极其干燥的地下出来时便浑身泥污，让人觉得十分蹩跷。成虫虽然完全摆脱了矿工的又脏又累的活儿，但并未完全丢弃自己的尿袋；它把剩余的尿液保存起来当作自卫的手段。如果谁离得太近地观察它，它就会向这个不知趣的人射出一泡尿，然后便一下子飞走了。蝉尽管性喜干燥，但在它的两种形态中，都是一个了不起的浇灌者。

不过，尽管幼虫身上积满了液体，但它还是没有那么多的液体来把整个地洞挖出的浮土弄湿，并让这些浮土变成易于压实的泥浆。蓄水池干涸了，就得重新蓄水。从哪儿蓄水，又如何蓄水？我觉得隐约地看到问题的答案了。

我极其小心地整个儿地挖开了几个地洞，发现洞底小屋壁上嵌着一根生命力很强的树根须须，大小有的如铅笔粗细，有的如麦秸管一般。露出来可以看得见的树根须须短小，只有几毫米。根须的其余部分全都植于周围的土里。这种液汁泉是偶然遇上的呢，还是幼虫特意寻找的？我倾向于后一种答案，因为至少当我小心挖掘蝉洞时，总能见到这么一种根须。

是这样的。要挖洞筑室的蝉，在开始为未来的地道下手之前，总要在一个新鲜的小树根的近旁寻觅一番。它把一点根须刨出来，嵌于洞壁，而又不让根须突出壁外。这墙壁上的有生命的地点，我想就是液汁泉，幼虫尿袋在需要时就可以从那儿得到补充。如果由于用干土和泥而把尿袋用光了，幼虫矿工便下到自己的小屋里去，把吸管插进根须，从那取之不尽的水桶里吸足了水。尿袋灌满之后，它便重新爬上去，继续干活儿，把硬土弄湿，用爪子拍打，再把身边的泥浆拍实、压紧、抹平，畅通无阻的通道便做成了。情况大概就是这样的。虽然没法直接观察到，而且也不可能跑到地洞里去观察，但是逻辑推理和种种情况都证实了这一结论。如果没有根须那个大水桶，而幼虫体内的蓄水池又干涸了，那会怎么样呢？下面这个实验会告诉我们的。我把一只正从地下爬出来的幼虫捉住了，把它放进一个试管的底部，用松松地堆积起来的一试管干土把它埋起来。这个土柱子高一分米五十。这只幼虫刚刚离开的那个地洞比试管长出三倍，虽说是同样的土质，但洞里的土要比试管里的土密实得多。幼虫现在被埋在我那短小的粉状土柱子里，它能重新爬到外面来吗？如果它努力挖的话，肯定是能爬出来的。对于一个刚从硬土地中挖洞的幼虫来说，一个不坚固的障碍能在话下吗？

然而我却有所怀疑。为了最后顶开把它与外界隔开的那道屏障，幼虫已经把最后储备的液体消耗光了。它的尿袋干了，没有活的根须它就毫无办法再把尿袋灌满。我怀疑它无法成功是不无道理的。果不其然，三天后，我看到被埋着的幼虫耗尽了体力，终未能爬上一拇指高。浮土被扒动过，因无黏合剂而无法当场黏合，无法固定不动，刚一拨弄开，便又塌下来，回到幼虫爪下。老这么挖、扒，总也不见大的成效，总是在做无用功。第四天，幼虫便死了。

如果幼虫的尿袋是满的，结果就大不相同。我用一只刚开始准备蜕变的幼虫进行了同样的实验。它的尿袋鼓鼓的，在往外渗，身子全都湿了。对于它来说，这活儿是小菜一碟。松松的土几乎毫无阻力。幼虫稍稍用尿袋的液体润湿，便把土和成了泥浆，黏合起来，再把它们抹开、抹平。地道通了，但不很规则，这倒不假，随着幼虫不断往上爬，它身后几乎给堵上了。看起来好像是幼虫知道自己无法补充水，因而为了尽快地摆脱一个它很陌生的环境而节约自己身上的那仅有的一点液体，不到万不得已绝不动用。就这么精打细算的，十来天之后，它终于爬到了外面来。

出洞口捅开之后，大张着嘴待在那儿，宛如被粗钻头钻出的一个孔。幼虫爬出洞来后，在附近徘徊一阵，寻找一个空中支点，诸如细荆条、百里香丛、禾蒿秆儿、灌木枝杈什么的。一旦找到之后，它便爬上去，用前爪牢牢地抓住，脑袋昂着。其余的爪子，如果树枝有地方的话，也撑在上面；如果树枝很小，没多少地方，两只前爪钩住就足够了。然后便休息片刻，让悬着的爪臂变硬，成为牢不可破的支撑点。这时候，中胸从背部裂开来。蝉从壳中蜕变而出，前后将近半个小时的工夫。蝉从壳中蜕

变出来后，与先前的模样儿大相径庭！双翼湿润、沉重、透明，上面有一条条的浅绿色脉络。胸部略呈褐色。身体的其余部分呈浅绿色，有一处处的白斑。这脆弱的小生命需要长时间地沐浴在空气和阳光之中，以强壮身体，改变体色。将近两个小时过去了，却未见有明显的变化。它只是用前爪钩住旧皮囊，稍有点微风吹来，它就飘荡起来，始终是那么脆弱，始终是那么绿。最后，体色终于变深了，越来越黑，终于完成了体色改变的过程。这一过程用了半个小时。蝉儿上午九点悬在树枝上，到十二点半的时候，我看着它飞走了。

旧壳除了背部的那条裂缝而外，并无破损，并且牢牢地挂在那根树枝上，晚秋的风雨也都没能把它吹落或打下。常常可以看到有的蝉壳一挂就是好几个月，甚至整个冬天都挂在那儿，姿态仍旧如同幼虫蜕变时的一模一样。旧壳质地坚固，硬如干羊皮，如同蝉儿的替身似的久久地待在那儿。

啊！如果我对我的那些农民乡邻所说的全都信以为真的话，有关蝉儿的故事我可有不少好听的。我就只讲一个他们讲给我听的故事吧，只讲一个。

你受肾衰之苦吗？你因水肿而走路晃晃悠悠的吗？你需要治它的特效药吗？农村的偏方在对待这种病上有特效，那就是用蝉来治。把蝉的成虫在夏天里收集起来，穿成一串，在太阳地里晒干，然后好生地藏在衣橱角落里。如果一个家庭主妇七月里忘了把蝉穿起来晒干收藏，那她会觉得自己太粗心大意了。

　　你是否肾脏突然有点炎症，尿尿有点不畅？赶快用蝉熬汤药吧。据说没什么比这更有效的了。以前，我不知哪儿有点不舒服，一个热心肠的人就让我喝过这种汤药，我起先不知道，是事后别人告诉我的。我很感谢这位热心者，但我对这种偏方深表怀疑。令我惊诧不已的是，阿那扎巴①的老医生迪约斯科里德也建议用此偏方，他说："蝉，干嚼吃下，能治膀胱痛。"从佛塞②来的希腊人把蝉和橄榄树、无花果树、葡萄等传授给了普罗旺斯的农民。从此，自那遥远年代起，普罗旺斯的农民便把这宝贵的药材奉若至宝。只有一点有所变化：迪约斯科里德建议把蝉烤着吃；现在，大家把蝉用来煨汤，作为煎剂。

　　说此偏方可以利尿，纯属幼稚天真。我们这儿人人皆知，谁要想抓蝉，它就立即向谁脸上撒尿，然后飞走。因此，它告诉了我们其排尿的功能，以致迪约斯科里德及其同时代的人便以此为据，而我们普罗旺斯的农民至今仍这么认为。

　　啊，善良的人们！如果你们获知蝉的幼虫能用尿和泥来建自己的气象站的话，那你们又会怎么想呢！拉伯雷描写道，卡冈都亚③坐在巴黎圣母院的钟楼上，从自己巨大的膀胱里往外尿尿，把巴黎成百上千的闲散的人淹死，还不包括妇女和儿童，否则人数会更多。你们知道这个故事后，也会信以为真吗？

---

　　① 阿那扎巴：小亚细亚的一座古城，迪约斯科里德的故乡。
　　② 佛塞：小亚细亚的一座古城，公元前7世纪时的商业重镇。
　　③ 卡冈都亚：法国16世纪著名作家拉伯雷的《巨人传》中的主人公。

# 大孔雀蝶

　　这是一个难忘的晚会。我将把它称作大孔雀蝶晚会。谁不认识这美丽的蝴蝶？它是欧洲最大的蝴蝶，穿着栗色天鹅绒外衣，系着白色皮毛领带。翅膀上满是灰白相间的斑点，一条淡白色之字形线条穿过其间，线条周边呈烟灰白，翅膀中央有一个圆形斑点，宛如一只黑色的大眼睛，瞳仁中闪烁着黑色、白色、栗色、鸡冠花红色的呈彩虹状的变幻莫测的色彩。

　　它的体色模糊泛黄的毛虫也同样美丽好看。它那稀疏地环绕着一圈黑纤毛的体节末端，镶嵌着青绿色的珍珠。它那粗壮的褐色茧形状极其奇特，口部状如渔民的捕鱼篓，通常紧贴在老巴旦杏树根部的树皮上。这种树的树叶是其毛虫的美味食物。

　　五月六日那天早上，一只雌性大孔雀蝶在我面前的实验室桌子上破茧而出。它因孵化时的潮湿而浑身湿漉漉的，我立即用金属网罩把它罩了起来。我这也是灵机一动才这么做的，因为我还没有作出针对它的特殊安排。我只是凭着观察者的简单习惯，把它关了起来，时刻密切注意可能会出现的情况。

　　我很有运气。晚上九点钟光景，全家人都躺下睡觉了，我隔壁房间乱糟糟的一阵响动。小保尔没怎么穿衣服，来回走动，又蹦又跳，跺脚踢物，弄翻椅子，简直像疯了似的。"快来呀，"他在大声喊叫，"快来看这些蝴蝶呀，像鸟儿一样大！房间里都飞满了！"

我赶忙奔过去。一看，怪不得孩子会那么兴奋，那么乱喊乱叫。那是从未发生过的擅闯民宅行为——是巨大的蝴蝶的入侵。有四只已经被抓住，关进了麻雀笼里。还有大量的全都在天花板上飞来飞去。

见此情景，我立刻想起了早晨被我关起来的那只雌性大孔雀蝶来。"快穿上衣服，孩子，"我对儿子说，"把你的笼子放那儿，跟我走。咱们去看看稀罕玩意儿。"

我们往下走，来到住宅右翼我的实验室。在厨房里时，我碰见保姆，她也被眼前发生的事弄得惊愕不已。她在用她的围裙驱赶一些大蝴蝶，一开始她还以为是蝙蝠呢。

看起来，大孔雀蝶已经差不多把我的住宅全都占据了。这肯定是那只女囚引来的，它周围的那方天地会成什么样儿呀！幸好，实验室的两扇窗户有一扇是开着的，道路通畅。

我们手里拿着一支蜡烛，冲进了房间。我们第一眼所见简直是终生难忘。一群大蝴蝶轻拍着翅膀，围着钟形罩飞舞，落在罩子上，忽而又飞走，然后又飞回来，再飞向天花板，继而又飞下来。它们扑向蜡烛，翅膀一扇，蜡烛灭了。它们又扑向我们肩头，钩住我们的衣服，轻擦着我们的面孔。

这屋子简直成了一个巫师招魂的秘窟，成群的蝙蝠在飞舞。为了壮胆，小保尔紧攥住我的手，比平时用力得多。

它们有多少只呢？将近二十来只。再加上误入厨房、孩子们的卧室和其他房间的，总数将有四十来只。我要说，这是一次难忘的晚会，一次大孔雀蝶的晚会。它们不知是如何得知消息的，从四面八方赶来。其实，那是四十来个情人，急不可耐地赶来向今晨在我实验室的神秘氛围中诞生的女子致意的。

今天，我们就别再多打扰这一大群追求者了。蜡烛的火焰伤着了这群来访者，它们冒冒失失地向火上扑去，烧着了身子。明天我将用一份事先拟定的实验问卷再来进行这项研究。

现在，我们先来整理一下思路，来谈谈我观察的这一个星期里的所有情景中的重复见到的情况。每次都发生在晚上八点到十点之间；蝴蝶们是一只一只飞来的。现在是暴风雨的天气，天空乌云翻滚，一片漆黑，花园里，露天地，树丛内，伸手不见五指。

对于这些到访者来说，除了这漆黑之夜之外，其他时间住所也难以进入。房屋掩映在一些高大的梧桐树下；屋前向外前厅是一条两边长着厚厚的丁香和玫瑰树篱的甬道；屋前还有丛丛松树和杉柏帷幕在抵挡凛冽的西北风的侵袭。大门不远处还有一道小灌木丛形成的壁垒。大孔雀蝶要赶到朝圣地就必须在漆黑的夜晚穿越这杂乱的树枝屏障，左冲右突，迂回前进。

在这样的情况下，猫头鹰都不敢离开它那油橄榄树的巢穴贸然闯入。而大孔雀蝶装备精良，长着多面的小光学眼睛，比大眼睛的猫头鹰技高一筹，敢于毫不迟疑地勇往直前，顺利通过，没有发生碰撞。它迂回曲折地飞行着，方向掌握得非常之好，所以尽管越过了重重障碍，抵达时仍精神抖擞，大翅膀没有丝毫的擦伤，完好无损。对于它来说，黑夜中的那点光亮已足够了。

即使认为大孔雀蝶具有某些普通视网膜所没有的特殊视觉，那这种异乎寻常的视觉也不会是通知在远处的它飞来这里的东西。远隔着的距离和其间的遮挡物肯定无法使这种视觉起这么大的作用。

再说，除非有迷惑性的光的折射——这儿并不是这种情况——大孔雀蝶会直扑所见到的东西的，因为光线的指引是非常准确的。不过大孔雀蝶有时也会出错，但错的不是要走的大方向，而是引诱它前去的所发生事情的确切地点。我刚才说过，孩子们的卧室是在此时此刻到访者们的真正目的地——我的实验室的对面，在我们秉烛闯入之前，已经被一群蝴蝶占据了。它们肯定是因情急搞错了。

在厨房里也是一样，也有一群满腹狐疑的蝴蝶，因为在厨房里有一盏灯，挺亮，对于夜间活动的昆虫来说是一种无法抗拒的诱惑，所以它们可能因此而迷了路。

我们只考虑黑暗的地方吧，在这种地方迷失方向者也不在少数。我在它们要前往的目的地附近几乎到处都发现一些。因此，当女囚身陷我的实验室时，蝴蝶们并不是全都从那个直接而可靠的通道——开着的窗户——飞进来的，那通道离钟形罩下的女囚只不过三四步远。有不少是从下面飞进来的，它们在前厅四处乱窜，顶多飞到了楼梯口，可那是一条死路，上面有一个门关着，进不去的。

这些情况说明，赶来求爱的大孔雀蝶们并没有像普通光辐射（这些光辐射是我们的身体能感觉到或不能感觉到的）告诉它们之后它们所做的那样，直奔目标飞来。另有什么东西在远处告诉它们，把它们引到确切地点附近，然后让最终的发现物处于寻找和犹豫的模糊状态之中。我们通过听觉和味觉获得的信息差不多也是这种情况，当必须准确地弄清声音或气味的来处时，听觉或味觉却是很不准确的。

发情期的大孔雀蝶夜间朝圣时究竟是靠什么样的信息器官呢？人们怀疑它们的触角。雄性大孔雀蝶的触角似乎确实是用它们那宽阔的羽状薄翼在探测。这些美丽的羽饰只是一些普通的服饰呢，还是也起着一种引导求爱者找寻气味的作用呢？似乎不难进行一个带结论性的实验。咱们不妨来试一试。

入侵发生的翌日，我在实验室里找到了头天夜袭的访客中的八位。它们在关着的那第二扇窗户的横档上盘踞着，一动不动。其他的在一番飞舞尽兴之后，于晚上十点钟光景从进来的那个通道，也就是日夜全都敞开着的那第一扇窗户飞走了。这八只坚韧不拔者正是我要做的实验所必需的。

我用小剪刀从根部剪掉大孔雀蝶的触角，但并未触及它们身体的其他部位。它们对这种手术并未有什么反应，谁都没有动，只不过稍稍抖动了一下翅膀。手术非常成功：伤口似乎不怎么严重。被剪去触角的大孔雀蝶没有疼得乱飞乱舞，这对我的实验计划是最好不过的了。一天结束了，它们一直静静地一动不动地待在窗户的横档上。

余下要做的还有另外几项事情。特别是当被剪去触角的大孔雀蝶在夜间活动时，应给女囚换个地方，不让它待在求爱者们的眼皮底下，以保证研究的成果。因此，我把钟形罩和女囚搬了家，把它们放在地上，在住宅另一边的门廊下，离我的实验室有五十来米。夜幕降临，我最后一次查看了一下我那八只动过手术者。有六只已经从敞开着的那扇窗户飞走了；还留下两只，但是已经摔在了地板上，我把它们翻过来，仰面朝天，它们都没有力气翻转身子了。它们已精疲力竭，奄奄一息。可别责怪我的手术不好。即使我不用剪刀剪去它们的触角，它们照样会衰老垂危的。

那六只大孔雀蝶精力充沛，已经飞走了。它们还会飞回来寻找昨天引它们飞来的诱饵吗？它们没有了触角，还能找得到现已移往别处、离原先的地点挺远的那只钟形罩吗？

钟形罩放在黑暗之中，几乎是在露天地里。我时不时地拿着一只提灯和一个网跑过去看看。来访者被我捉住、辨认、分类，并立即在我关上了门的相邻的一间屋子里放掉。这样做可以精确地计数，免得同一只蝴蝶被计算上好几次。另外，这临时的囚室宽敞空荡，决不会损伤被捉住的蝴蝶，它们在囚室里会觉得很安静，而且有很大的空间。在我以后的研究中，我也将采取类似的安全措施。

十点半钟，再没有到访者了，实验结束了。捉住的一共是二十五只雄性，只有一只是失去触角的。昨天被动过手术的那六只大孔雀蝶，身强力壮，得以飞出我的实验室，回到野外，其中只有一只回来寻找那只钟形罩。如果必须肯定或者否定触角的导向作用，那我尚不敢信任这种收获不大的结果。让我们在更大的范围内再做一番实验吧。

第二天早上，我去查看头一天被捉住的俘虏们。我看到的情况并不令人鼓舞。有许多都落在地上，几乎没有了生气。我把它们用手指夹住时，有几只是略微有点生命的气息。这些瘫痪了的囚徒还能有什么用处？咱们还是试一试吧。也许到了寻欢求爱的时刻，它们又会恢复生气了呢。

有二十四只新来的接受了截去触角的手术。先前被剪去触角的那一只被剔除了，因为它差不多已奄奄一息了。最后，在这一天剩余的时间里，监狱的大门是敞开的，谁想飞走就飞走，谁想去赴盛大晚会就去参加吧。

为了让飞出去的接受试验，它们在门口必然会遇见的那只钟形罩又被挪了地方。我把它放置在一楼对面那一侧的一个套间里。当然，这个房间进出是自由的。

这二十四只被剪去触角者中，只有十六只飞到了外面。有八只已精疲力竭，不多久就会死在这儿。飞走的那十六只中，有多少只晚上会回来围着钟形罩飞舞呢？一只也没有。第二晚我只逮着七只，全都是新飞来的，也全都是羽饰完整的。这一结果似乎表明剪去触角是较为严重的事。不过，我们还是先别忙着下结论：还有一个疑点，而且是很重要的疑点。

"瞧我这副德性吧！我还敢在别的狗面前露面吗？"刚被别人无情地割掉两只耳朵的小狗莫弗拉说。我的蝴蝶们会不会有小狗莫弗拉一样的担忧？一旦失去美丽的装饰，它们就不再敢出现在其情敌们面前向雌性示爱吗？这是它们的惶恐吗？是它们少了导向器的缘故吗？是不是因为久等而未能如愿所致，因为它们的狂热是短暂的？实验将解答我们的疑问。

第四天晚上，我捉到十四只蝴蝶，全都是新来者，我逐个地把它们关在一间房间里，它们将在里面过夜。第二天，我趁它们习惯于昼间歇息不动之机，把它们前胸的毛拔掉少许。拔去这么一点点毛对昆虫无伤大雅，因为这种丝质的下脚毛很容易长出来，所以不会伤及它们在要回到钟形罩前的时刻到来时所必需的器官的。对于这些被拔毛者这算不了什么，可对于我来说，这将是我识别谁

64

来过谁是新来者的重要标记。

这一次没有出现精疲力竭、无法飞舞者。入夜，十四只被拔毛者飞回野外去了。当然，钟形罩又挪了地方。两个小时里，我逮住二十只蝴蝶，其中只有两只是拔过毛的。至于前天晚上被剪去触角的大孔雀蝶，一只也没有出现。它们的婚期结束，彻底结束了。

在有拔过毛标记的十四只中，只有两只飞回来了。其他的十二只虽然有着我们所推测的导向器，有着它们的触角羽饰，但为什么没有回来呢？另外，在囚禁了一夜之后，为什么总是有那么多被证实为体力不支者呢？对此我只有一个回答：大孔雀蝶被强烈交尾的欲望迅速地耗得精疲力竭。

大孔雀蝶为了结婚这个它生命的唯一目的，具备了一种奇妙的天赋。

它能飞过长距离，穿过黑暗，越过障碍，发现自己的意中人。两三个晚上的时间里，它用几个小时去寻觅，去调情。如果不能遂愿，一切全都完了：极其准确的罗盘失灵了，极其明亮的灯火熄灭了。那今后还活个什么劲儿呀！于是，它便缩到一个角落里，清心寡欲，长眠不醒，幻想破灭，苦难结束。

大孔雀蝶只是为了代代相传才作为蝴蝶生存的。它对进食为何事一无所知。如果说其他的蝴蝶是快乐的美食家，在花丛间飞来飞去，展开其吻管的螺旋形器官，插入甜蜜的花冠的话，那大孔雀蝶可是个没人可比的禁食者，完全不受其胃的驱使，无须进食即可恢复体力。它的口腔器官只是徒具形式，是无用的装饰，而非货真价实、能够运转的工具。它的胃里从未进过一口食物：如果它不是活不长的话，这可是个绝妙的优点。灯若想不灭就必须给它添油。大孔雀蝶则拒绝添油，不过它也就因此而活不长。只两三个晚上，那正是配对交欢最起码的必需时间，这就是一切：大孔雀蝶也就寿终正寝了。

那么失去触角的大孔雀蝶一去不复返又是怎么回事呢？它们是否在证明没有了触角它们就无法再找到那只女囚呢？绝对不是。如同被拔掉毛身体受损却安然无恙的昆虫一样，它们也是在宣告自己的寿命已经终结了。它们无论被截肢还是身体完整者，现在皆因年岁大的缘故而派不上用场了，它们的存在与不存在已无意义。由于实验所必需的时间不够，我们未能了解到触角的作用。这种作用先前让人摸不着头脑，今后仍旧是一个疑团。

我囚禁在钟形罩下的那只雌性大孔雀蝶存活了八天。它根据我的意愿，每晚在居住处的一隅或另一处，为我引来数目不等的一群造访者。我用网随到随捕，然后立即把它们关进封闭的房间，让它们过夜。第二天，它们起码要在前胸剪掉些羽毛，以做标记。

来访者的总数在这八天当中高达一百五十只，考虑到今后两年为了继续这项研究必需的资料，我将要费劲乏力地去寻找这种活物的话，这个数目可真让人瞠目结舌。大孔雀蝶的茧在我住所附近虽说并非找不到，但至少是十分罕见，因为其毛虫的栖息地老巴旦杏树并不太多。那两年的冬天，我对这些衰老的树全都一一检查过，翻查它们那藏于一堆杂乱的木本植物中的树根，可我有多少次都是无功而返，空手而回呀！因此，我的那一百五十只大孔雀蝶是从远处，从很远的地方，也许是从方圆两千米以外或更远的地方飞来的。它们是如何获知我实验室里的情况而纷纷前来的呢？

有三个信息因子是易感性的决定条件：光线、声音和气味。大孔雀蝶从敞开的窗户飞进来之后，视觉是在指引着它，但仅此而已。在进来之前，在外面那未知的环境中则不然！说大孔雀蝶具有猞猁那种穿墙视物的视觉是不足以说明问题的，还必须解释为什么它有一种敏锐的视觉，能够神奇地看见几千米之外的东西。这个问题太大太难，咱们别去讨论了。

声音同样与此无关。 胖胖的雌性大孔雀蝶虽能够从很远的地方招引来情人， 但它却是静默无语的， 连最敏锐的耳朵也听不见它的声音。 说它有春心萌动、 激情颤抖， 也许可以用高倍显微镜观察得到， 严格地说， 这是可能的。 但是， 我们不要忘了， 到访者应该是在很远的距离之外， 在数千米之外获得信息的。 在这种情况下， 我们就别去考虑声学的因素了， 否则的话， 就无宁静可言，周围一定是乱哄哄一片。

剩下的就是气味了。 在感官范畴内， 气味的散发比其他的东西可以说更能解释为什么蝴蝶们会稍作迟疑之后便纷纷前来追逐吸引它们的那个诱饵。 是否确实有这么一种类似于我们称之为气味的散发物呢？ 这种散发物又是极其难以发觉的， 是我们感觉不到可又能让比我们的嗅觉更敏锐的嗅觉能够感觉出来？ 得做一个实验， 这实验极其简单， 就是把这些散发物掩藏起来， 用气味更大更浓烈而经久的一种气味压住它们， 成为主导气味， 这样一来， 微弱的气味就几乎不存在了。

我事先在晚上雄性大孔雀蝶将被招来的那个屋子里撒了点樟脑。另外， 在钟形罩下， 在雌性大孔雀蝶旁边我也放了一只装满樟脑的宽大圆底器皿。 大孔雀蝶来访的时刻来到时， 只需待在房间门口就能闻到这股子樟脑味儿。 我的巧计未能奏效。 大孔雀蝶们像平时一样， 如约而至， 它们闯入房间， 穿越那股浓烈的气味， 像在没有气味的环境中一样， 方向准确地向钟形罩飞去。

我对嗅觉能否起作用已产生了疑惑。 再说， 我现在也无法继续实验了。 第九天， 我的女囚因久等无果已精疲力竭， 把未能孵出幼虫的卵下在钟形罩的金属纱网上之后死去了。 没了雌性大孔雀蝶， 我也就无事可做， 只好等到明年再说。

这一次， 我将采取一些预防措施， 储备了充足的必需品， 以便如我所愿地重复已经做过的和我考虑要做的实验。 说干就干， 不必拖延了。

夏日里，我以每只一个苏的价格买了一些大孔雀蝶毛虫。我的几个邻居小孩——我日常的供货者们——对这种交易十分起劲儿。每个星期四，他们在摆脱那令人生厌的动词变位的学习之后，便跑到田间地头，不时地会找到一条大毛虫，用小棍子尖端挑着给我送来。这帮可怜的小鬼不敢碰毛虫，当我像他们抓熟悉的蚕那样用手指捉住毛虫时，他们都吓呆了。

我用老巴旦杏树枝喂养我昆虫园中的大孔雀蝶毛虫，不几天便有了一些优等的茧。到了冬天，我在老巴旦杏树根部一丝不苟地寻找，获得不少的成果，补足了我的收集物。一些对我的研究感兴趣的朋友跑来帮我。

最后，通过精心喂养，四处搜寻，求人代捉，虽身上被荆条划得伤痕累累，但我却有了不少的茧，其中有十二只较大较重的是雌性的。

失望一直在等待着我。五月来临，这是个气候变化无常的月份，把我的心血化为乌有，使我痛心疾首，愁苦不堪。话说又到了冬季。寒风凛冽，吹掉了梧桐树的新叶，落满一地。这是天寒地冻的腊月，晚上必须生上旺火，穿上厚厚的冬衣。

我的大孔雀蝶也饱受煎熬。卵孵化得晚了，孵出来一些迟钝呆滞的家伙。在一只只钟形罩里，雌性大孔雀蝶根据出生先后今天一只明天一只地住了进去，可是很少或者压根儿就没有外面飞过来探望的雄性大孔雀蝶。在附近倒是有一些，因为我收集的长着漂亮羽饰的试验用雄性大孔雀蝶，一旦孵化出来，辨认清楚之后便会立即关进园子里。它们不管离得远的还是就在附近的，都很少飞过来，而且即使来了也无精打采的。

也许低温也对提供信息的气味散发物有很大的影响，而炎热则可能有利于气味的散发。我这一年的心血算是白费了。唉！这种实验真难呀， 它受到季节变换的快慢和反复无常的制约！

　　我又开始进行第三次实验。 我喂养毛虫， 到田野里去寻找虫茧。 到了五月份， 我已经收集了不少。 季节很好， 符合我的要求。 我又见到了一开始导致我进行这种研究的那次令人振奋的大孔雀蝶的入侵的盛况。 每天晚上都有大孔雀蝶飞来， 有时十一二只， 有时二十多只。 雌性大孔雀蝶肚腹鼓鼓的， 紧贴在钟形罩的金属网上。 它毫无反应， 甚至连翅膀都没颤动一下。 它好像对周围所发生的事情无动于衷。 我家人中嗅觉最灵敏的也没有嗅出什么气味来； 我家亲朋中被拉来做证的听觉最敏锐的也没听见任何响动。 那只雌性大孔雀蝶一动不动地、 屏息凝神地在等待着。

　　雄性大孔雀蝶三三两两地扑到钟形罩圆顶上， 绕着飞来飞去， 不停地用翅尖拍打着圆顶。 它们之间没有因争风吃醋而发生打斗。 每只雄性大孔雀蝶都在尽力地想闯入钟形罩， 看不出对其他的献殷勤者有任何的嫉妒。 徒劳地尝试一番之后， 它们厌倦了， 飞走了， 混入正在飞舞着的蝶群中去。 有几只绝望者从那扇敞开的窗户飞走了， 一些新来者替代了它们。 而在钟形罩的圆顶上， 直到十点钟左右， 不断地有蝴蝶尝试闯入， 随即失望而去， 随即又有新来者代替之。

　　钟形罩每天晚上都要挪挪地方。 我把它放在北边或南边， 放在楼下或二楼， 放在住所右翼或左翼五十米开外， 放在露天地里或一间僻静小屋的暗处。 这一番神不知鬼不觉地突然搬来搬去， 如果不知情者想找可能都找不着， 但是却一点儿也没骗过蝴蝶们。 我的时间与心思全白费了， 没有迷惑住它们。

　　这里并不是对地点的记忆在起作用。 譬如头一天晚上， 那只雌性大孔雀蝶被放置在住所的某间房间里。 羽饰美丽的雄性大孔雀蝶飞到那儿舞了两个小时， 甚至还有一些在那儿过了一夜。 第二天， 日落时分， 当我转移钟形罩时， 雄性大孔雀蝶都在外边。 尽管寿命转瞬即逝，但新来者仍有能力进行第二次、第三次的夜间远征。这些只能存活一日的家伙首先将飞往何处？

它们了解昨夜幽会的确切地点。我还以为它们将凭着记忆回到那儿去，而在那儿发现人去楼空时，它们将飞往别处继续追寻。但并不是这么回事。与我的期盼恰恰相反，根本就不是这样的。它们谁也没有再出现在昨晚一再光顾的地方，谁都没在那儿做过短暂逗留。此地已看出是没有人烟了，记忆似乎并没有事先向它们提供任何情报。一个比记忆更加可靠的向导把它们召唤去了另外的地方。

在此之前，雌性大孔雀蝶一直公开地待在金属网眼上。那些到访者在漆黑的夜晚目光仍是敏锐的，它们凭借那对我们而言简直如同漆黑的夜色的一点微光是能够看见那只雌性大孔雀蝶的。如果我把雌性大孔雀蝶关进不透明的玻璃罩中，那会出现什么情况呢？这种不透明的玻璃罩难道就不能让提供信息的气味自由散发或完全阻止它散发吗？

今天，物理学使我们能够发明利用电磁波的无线电报了。大孔雀蝶在这个方面是不是可能超越了我们？为了激越周围的雄性大孔雀蝶，通知几千米以外的求爱者，刚刚孵化出来的适婚雌性大孔雀蝶难道已拥有已知的或未知的电波和磁波吗？这种电波、磁波难道会被某种屏障隔断而被另一种屏障放行吗？总而言之，一句话，它是不是会按照自己的方法利用某种无线电呢？我觉得这并没有什么不可能的。昆虫是这种高级发明的强者。

于是，我把雌性大孔雀蝶放在不同材质的盒子里，有白铁的、木质的、硬纸壳的，全都关得严严实实，甚至还用油性胶泥给封上。我还用了一只玻璃钟形罩，将它摆放在一小块玻璃的绝缘柱上。

在这种严密封闭的条件下，没有飞来一只雄性大孔雀蝶，一只也没有，尽管晚上既凉爽又安静，环境宜人。无论是什么材质的——金属的、玻璃的、木质的还是硬纸壳的——密封盒，都使传递信息的散发物无法散发出去。

一层两横指厚的棉花层也产生同样的效果。我把雌性大孔雀蝶放进一只很大的短颈大口瓶里，用棉花盖上瓶口，扎紧。这足可以使周围的雄性大孔雀蝶无法知晓我实验室的秘密了。一只雄性大孔雀蝶都没有露面。

反之，我们不密封盒子，让它微微开着点，再把这些盒子放进一只抽屉里，装进大衣橱中。但尽管这么藏了又藏，雄性大孔雀蝶仍然蜂拥而来，多得就像明显地把钟形罩放在一张桌子上时一样。女囚被放在帽盒里，裹进一只关好的壁橱等待着的那个晚上的情景至今仍历历在目。雄性大孔雀蝶们扑向壁橱门，用翅膀扑打着，啪啪连声，想闯进去。这些过路的朝圣者，也不知从何处飞过田野来到此处，它们非常清楚门后面藏着什么。

因此，任何认为存在类似无线电报的通信手段的说法都无法让人接受，因为一道屏障无论是好导体还是坏导体，一经出现便立即阻断了雌性大孔雀蝶的信号。为了让信号畅通无阻，传得很远，必须具备一个条件：囚禁雌性大孔雀蝶的囚室不能关得严丝合缝，密不透风，要让内外空气相通。这又使我们回到了存在一种气味的可能性上，但那是经我用樟脑所做的实验给否定了的。

我的大孔雀蝶的茧业已告罄，但问题仍然没有弄个一清二楚。我第四年还要继续搞下去吗？我放弃了，原因如下：如果我想跟踪观察一只大孔雀蝶夜间婚礼中的亲昵举动，那是颇为困难的。献殷勤的雄性为达到目的肯定是无须亮光的，但我这人类的微弱视力夜间无亮光是看不见什么的。我起码得点上一支蜡烛，但蜡烛又常常被飞舞的群蝶给扇灭了。提灯倒是可以免此烦恼，但是它光线昏暗，又会出现阴影，根本无法让你看得清清楚楚。

还不光是这一点。 灯的亮光还会把蝴蝶从它们的目标引开， 使之无法成其美事， 而且照得太久， 还会严重影响整个晚会的成功。 来访者一飞进屋内， 便疯狂地扑向火光， 烧坏身上的茸毛， 而且， 从今以后因为被烧伤而疯狂， 就无法用来取证了。 如果它们没有被烧着， 被隔在玻璃罩外面， 落在火光旁边， 便会像是被施了魔法似的， 不再动弹。

　　一天晚上， 雌性大孔雀蝶被放置在餐厅的一张桌子上， 正对着敞开着的窗户。 一盏煤油灯点着， 灯上装有一个搪瓷的宽大灯罩， 吊挂在天花板上。 一些来访者落在钟形罩的圆顶上， 在女囚面前表现出急不可耐的样子。 另外的一些来访者， 飞过女囚囚室时略微致意一番， 便向煤油灯飞去， 盘旋片刻之后， 被搪瓷灯罩的反射光照得迷迷糊糊的， 便贴在灯罩下面一动不动了。 孩子们已经伸手要去捉它们了。"别动，" 我说，"别动。 别惊扰它们， 别搅扰这些前来光明圣体龛朝圣的客人们。"

　　整个晚上， 它们全都没有动弹过。 第二天， 它们仍留在原地。 对亮光的迷恋使它们忘掉了对爱情的陶醉。

　　面对这样的一些迷恋亮光的家伙， 精确而长久的实验是无法进行的， 因为观察者需要照明。 我放弃了对大孔雀蝶及其夜间婚礼的观察。 我需要一只习性不同的蝴蝶， 它得像大孔雀蝶一样勇敢地奔赴婚礼幽会， 但又能在白天行房。

　　在用一只满足上述条件的蝴蝶进行研究之前， 暂时先别顾及时间的先后次序， 说几句我结束研究之前飞来的最后一只蝴蝶的事。 那是一只小孔雀蝶。

　　别人不知从哪儿给我弄来一只很棒的茧， 裹着一个宽大的白色丝套。 从这个不规则的大褶皱的丝套中， 很容易抽出一只外形似大孔雀蝶茧但体积要小一些的茧来。 丝套端口用松散但又聚集的细枝结成网状， 可出而不可进， 我一眼便可看出那是一只夜间活动的大孔雀蝶的同类。 丝套上有编织者的名号。

　　果然， 三月末， 圣枝主日那一天的清晨， 那只茧孵出一只雌性小孔雀蝶， 我立刻把它关进实验室的钟形金属网里。 我打开房间的窗户， 好让这件大事传布到田野中去， 而且必须让可能前来的探访者自由进入房间。 被囚的这只雌蝶贴在金属网纱上， 一个星期都没再动一动。

　　我的小孔雀蝶女囚美丽极了， 一身呈波纹状的褐色天鹅绒华服， 上部翅膀尖端有胭脂红斑点， 四只大眼睛， 宛如同心月牙，黑色、 白色、 红色和赭石色混在一起。 如果不是色泽那么发暗的话， 几乎就是大孔雀蝶的装饰。 这种体形和服饰如此华美的蝴蝶，我一生中只见到过三四次。 我昨天见了茧， 但从未见到过雄性蝶。我只是从书本上知道雄性比雌性要小一半， 体色更加鲜艳， 更加花枝招展， 下部翅膀呈橘黄色。

　　我还不了解的陌生贵客——羽饰漂亮的雄蝶， 它会飞来吗？ 在我们周围这一片似乎很少见到它的。 在它那遥远的藩篱墙中， 它能得知那只适婚雌蝶在我实验室的桌子上正等待着它吗？我敢保证它会前来的， 而且我错不了的。 瞧， 它来了， 甚至比我预料的还早到了。

　　晌午时分， 我们正要吃午饭， 因心悬可能会出现的情况尚未来用餐的小保尔， 突然跑到饭桌前， 面颊红通通的。 只见一只漂亮的蝴蝶在他的指间扑扇着翅膀， 它正在我实验室对面飞舞时， 被小保尔一下子捉住了。 小保尔递过来给我看， 以目询问我。

　　"哇！" 我说，"正是我们等待着的朝圣者呀。 先别吃了， 赶快去看看是怎么回事。 回头再吃吧。"

　　因奇迹的出现， 午饭都给忘了。 雄性小孔雀蝶令人难以置信地按时被女囚给神奇地召唤来了。 它们艰难曲折地飞翔， 终于一只接一只地飞来了， 它们都是从北边飞过来的。 这个情况很有价值。

的确，乍暖还寒已经一个星期了。北风呼啸，吹落了老巴旦杏树新绽开的花蕾。这是一场凶猛的风暴，通常在我们这里是预示着春天不远了。今天，气候突然转暖，但北风依然在呼啸着。

在这段时间的陡变的天气中，飞来找那只雌小孔雀蝶的所有雄小孔雀蝶全都是从北边飞到我的拘蝶园中的。它们是顺着气流飞的，没有一只是逆流而来的。如果它们有与我们相似的嗅觉作为罗盘，如果它们是受分解于空气中的有味道的微粒指引的，那它们就应该是从相反的方向飞来才对。如果它们是从南边飞来的，我们就会认为它们是闻到风吹来的气味才找到地方的。在北风呼啸，空气吹净，什么味道也闻不到的天气里，从北边飞来，怎么可能假定它们在很远的地方就嗅到了我们所说的气味呢？我觉得有气味的分子不可能会顶着强风传给它们。

两个小时中，在阳光灿烂之下，来访的雄小孔雀蝶们在我的实验室门前飞来飞去。其中大部分都在一个劲儿地寻来觅去，或撞墙欲入，或掠地而过。见它们如此犹豫不决，我想它们是因找不到引它们飞来的那个诱饵的确切位置而十分着急。它们从老远飞来。没有弄错方向，可到了地方却又拿不准确切地点了。不过，它们迟早会飞进屋内去向女囚致意的，但也不会留恋。下午两点钟时，一切便结束了。一共飞来了十只雄小孔雀蝶。

整整一个星期，每当中午时分，阳光极其明亮时，一些雄小孔雀蝶便会飞来，但数量在减少。前后加起来一共将近有四十只。我觉得无须重复实验了，因为不会给我已知的情况再添加点资料了，所以我只是在注意两个情况。

首先，小孔雀蝶是昼间活动的，也就是说它们是在光天化日之下举行婚礼的。它们需要充足明亮的阳光。而与它成虫的形态和毛虫的技艺相近的大孔雀蝶则完全相反，需要日暮天黑之后。这种相反的习性谁有本事解释清楚谁就去解释吧。

其次， 一股强气流从相反方向吹散能够给嗅觉提供信息的分子， 却不会像我们的物理学所假设的那样， 阻止小孔雀蝶飞抵有气味的气流的相反的一面。

为了继续研究， 我们需要的是夜间举行婚礼的大孔雀蝶， 而不是小孔雀蝶。 后者出现得太晚了， 而我并没有再研究它。 我需要的是大孔雀蝶， 不管是什么样的， 只要它在婚庆时行房敏捷能干即可。 这种大孔雀蝶， 我能获得吗？

# 蟹蛛

　　蟹蛛因爬行时像螃蟹一样，横行霸道，因此得名。它也像螃蟹一样，前步足比后步足粗壮，只是它的两条前足不像螃蟹前足那样戴着"拳击手套"。

　　这种蟹蛛不会织网捕猎。它的捕猎方法是，埋伏在花丛中窥视着，一旦猎物出现，它会飞快地掐住对方的脖子。它尤其喜爱捕捉家蜂。一贯爱好和平的蜜蜂，为了采蜜来到花间草丛，用舌头先在花丛中探测，选好一处花粉多的开采区，立刻便忙于收获了。待它的花篮里装满了花粉，肚子慢慢地鼓起来的时候，蟹蛛便从花丛下的隐藏处突然蹦了出来，纵身跃起，掐住蜜蜂的后脖颈根部。后者无助地在拼命地挣扎，用螯针乱扎一气，但攻击者始终不肯放手。

　　蜜蜂的奋力挣扎、反抗，未能奏效，由于颈部的神经被死死地掐住，脖子被迅雷不及掩耳般地咬住，没一会儿便蹬着小腿儿，一命呜呼了。刽子手自在满意地吮吸着被害者的血，吸干之后，便不屑一顾地将蜜蜂干尸弃之一旁，又埋伏在花丛之中，伺机捕捉下一个采集花粉者。

　　受肠胃制约的动物和人，简直像是恶魔。为了获得鲜美肉嫩的猎物，他们是根本不会去顾及对方的工作之神圣，生活之快乐，母性之温柔，临终之痛苦，只要自己能大快朵颐就可以了。我们所说的这种蟹蛛，可能很像古罗马执法官手下的手持束棒的侍从，专司捆绑犯人于行刑柱上。许多蜘蛛都是这样，为了制服猎物，以便随心所欲地把它吃掉，就用"绳子"先把猎物捆绑结实，从这一点来看，上述比喻还是挺恰当的。但关键的问题是，蟹蛛名实并不相符，它并没有用绳子捆绑蜜蜂，蜜蜂是被它咬伤脖子而死的，而且几乎没有对刽子手进行任何反抗。

蜘蛛几乎总是有着一个大肚子，里面储存着大量的丝，有些蜘蛛用腹中的丝来制细丝线，而所有的蜘蛛都会用自己的丝来织卵袋中的莫列顿呢。蟹蛛也不例外，它也同其他的蜘蛛一样，用肚子里的丝为自己的婴儿编织保暖服装，只是它的肚子不像其他蜘蛛那么大，那么臃肿。

蜜蜂的杀手很怕冷，在我国，它几乎没有离开过橄榄树的故乡。它尤其喜欢一种名为岩蔷薇的灌木。这种灌木开出的花呈粉红色，花朵很大，有点皱皱巴巴的，保持的时间不长，只有一个上午，第二天，凉爽的黎明来临时，新开的花便取代了昨日的花，花期通常要持续五六个星期。

蜜蜂很爱到这里来采花蜜。它们在雄蕊那宽大的管圈上飞来飞去地忙碌着，满身都蹭上了黄色的花粉。蟹蛛闻讯，匆忙赶来，躲藏在一片花瓣构成的粉红色帐篷下面，随时准备着向猎物发动攻击。我朝这片花丛望去，只见四处的花上都落着蜜蜂。如果我发现有一只不动弹了，伸直了舌头和腿脚，我便连忙赶过去，因为那无疑是蟹蛛在作怪，它刚杀了"人"，正在吮吸尸体里的血。

话说回来，蜜蜂的这个捕杀者还是长得十分漂亮，尽管它那金字塔形的躯干上坠着个大肚子，下端左右两侧各隆起一个驼峰状的乳突，但它的皮肤看上去简直比绸缎还要柔软。有些蟹蛛的皮肤呈乳白色，有些则呈柠檬色；有一些挺讲究的蟹蛛还在腿上戴上不少的粉红色的镯子，背上饰有胭脂红的曲线，胸部两侧有时还佩戴着一条淡绿色的细带子。蟹蛛的服装色彩虽然不如彩带蛛那么丰富，但是，就简明、精致和色彩搭配而言，要比后者的服装色彩优雅许多。即使对蜘蛛感到恐惧和厌恶的没有经验的人，也不得不承认蟹蛛的优雅，忍不住要抓起一只看似温顺平和的蟹蛛来观赏一番。

蜘蛛类昆虫中的这个宝贝有何才干呢？首先，它会建造适合自己的巢穴。金翅鸟、燕雀以及其他建筑师善用植物的侧根、植物纤维、棉絮团等在树枝丫上构建贝壳形的巢。蟹蛛也喜欢在高处盖房造屋。为了建造自己的屋子，它在自己平时捕猎的岩蔷薇上，选择一根长得很高、因炎热而枯萎了的树枝，枝上还挂着一些卷成小窝棚的枯叶。蟹蛛便在其上搭建巢穴，生儿育女。

蟹蛛肚子似梭子状，里面装满了丝，它让肚子上下轻轻地摆动，把丝拉向四周。它织成一个袋子，袋壁与周围的干树叶浑然一体。这个白色的不透明的巢，一部分露在外面，一部分被树叶所遮掩。它插在树叶间的夹角里，呈圆锥形，像丝蛛所织的袋子，但体积要比丝蛛袋来得小些。

当卵产入袋子里之后，一个用同样的白丝织成的盖子便把这个袋子口给盖严盖实，最后，再用几根丝织成一个薄薄的帘子，在卵袋上做成一个床顶华盖。然后，再用弯曲的叶尖做成一间凹室，母亲便居于其间。

这不仅是疲劳的产妇产后休息之所，还是一个很好的掩蔽所，一个监视哨。母亲就坚守在这个监视哨所之中。它平趴着，直到自己的孩子们大批地迁移。它因产卵以及筑巢建窝耗费了大量的丝，所以身体变得十分消瘦。现在，它只是为了保护自己的窝巢而活着。如果有不速之客从附近经过，它会立即冲出哨所，抬脚踢蹬，把这不速之客赶跑。当我用一根草去撩拨它时，它便奋力地反击，用拳头击打我所使用的武器，仿佛在跟那根草进行着拳击。如果我想做些试验，故意让它挪挪窝，那就得花费点工夫，因为它会死死地抱住丝质地板不放，让我无法得逞。我因害怕伤着它，也不敢太用力。这个顽强的家伙刚被逗引出窝，立即便会返回自己的岗位，它放不下自己的宝贝们。蟹蛛同纳博讷狼蛛一样，当别人夺它的宝贝时，它便会奋力反击。

这两种蜘蛛都同样勇敢，同样忠诚，但也同样糊涂，分不清宝贝是自个儿的还是别人的。

我们也无法用母爱来形容它们，因为它们那只是出于冲动，只是一种机械性的爱，没有真正的温情孕育其中。生活在岩蔷薇上的高雅的蟹蛛，也不见得就比狼蛛聪明，如果把它移到另一个形状相同的窝里去的话，它便在那儿安下家来，不再挪窝，尽管那个袋子上排列规则有所不同的叶子已经明显地在告诉它，这儿并不是它原先的家，但它只要脚下踩着丝，它就不会发现自己摸错了门，被弄到别人的家里了，它像监护着自己的巢穴一样谨慎有加地监视着这个新家。

在母性的盲目这一点上，狼蛛则表现得尤为突出。它把我用锉刀锉成的软木球、纸团和线团当成了自己的卵袋，粘在纺丝器上，带着走来走去。我想了解一下蟹蛛是不是也会这么犯糊涂，便在封闭的圆锥形卵袋里放了一些蚕茧的碎片，把碎片那较细较平的一面朝上。我的诡计未能奏效。离开了自己的家，被安置在人造袋子上的母蟹蛛死活不肯在那儿安家。这么看，它好像是比狼蛛要聪明一些吧？也许是这样，但是，也别因此就过于对它加以赞扬，因为那个巢模仿得不够标准，过于粗糙。

五月底，产卵的任务完成了，平趴在巢顶上的母蟹蛛无论白天还是黑夜，都不离开其掩蔽体。见它那么干瘦，我便准备为它提供几只蜜蜂，它一定会开心的，因为我以前就这么做过。

可我推断错了，这并不是它所需要的。此前它一直偏爱的蜜蜂已经引不起它的兴趣了，被我放进网罩里的蜜蜂，尽管是唾手可得，它也无动于衷，任由它在嗡嗡地叫。但是，虽然如此，它却并未擅离职守，仍在坚守着自己的岗位，靠着母爱的执着在维持着生命。因此，我只能眼睁睁地看着这个蟹蛛母亲在日益衰弱，越来越干瘦。这只消瘦的蟹蛛究竟死死地在等待什么呀？

它是在等着自己的孩子出世，它这个垂死者对它的孩子们还有用。彩带蛛的孩子从"气球"里一出来，便无人照看，成了孤儿。这些孤儿根本无力从自己的袋子里挣脱出来，必须靠"气球"自行爆裂，气球爆裂时，把小彩带圆形蛛和棉床垫一股脑儿地弹了出来。

蟹蛛的袋子外面大部分地方都加了一层树叶，它永远不会自动爆裂，只要封条仍贴在盖子上，它就不会自行打开来。当小蟹蛛获得解放后，我发现盖子周围有一个小洞口敞开着，宛如天窗。这个天窗原先并不存在，是谁把它打开的？

袋子的布料质地很好，非常厚实牢固，里面关着的年幼体弱的小蟹蛛根本就扯不破它的。那是它们的母亲解救了它们的。母亲感觉到丝棉顶篷下的孩子急于出来，在乱蹬乱踢乱拱，就帮它们把袋子捅破了。蟹蛛母亲拖着病体坚持了三周，就是等着这一天，好最后用牙把卵室咬开。母亲的天职完成了之后，它便欣慰坦然地逝去，并紧紧地贴在自己的窝上，变成干尸。

七月到来，小蟹蛛出世。我预知它们有表演杂技的习性，便在它们出生的那个罩子顶上放了一把很细的枝条。它们果然全都钻过纱网，聚到那把枝条上来，并很快地在那上面用自己的丝交错地编织出一个宽阔的临时营地来。开头两天，它们躲在营地里，比较安静，随后便在一个物体与另一个物体之间架设起天桥来。这是我进行观察研究的大好时机。

我把一束爬满了小蟹蛛的枝条置于开着的窗户前的一张桌子上，放在背荫的地方。不一会儿，它们便开始进行大迁移，但速度缓慢且毫无秩序。小蟹蛛们有些迟疑，有的在向后倒退；有的则吊在丝的一头垂直坠落，然后丝往上收，又把吊在半空中的小蟹蛛带了上去。总之，一片忙碌，不见成效。

大约十一点钟光景，我灵机一动，想把急于迁移的小蟹蛛所盘踞的那束枝条放到烈日照射的窗台上。被太阳暴晒了几分钟之后，情况便大不相同了。这帮小移民们爬到小树枝的顶梢上，十分活跃，动弹个不停。这儿简直成了一个令人眼花缭乱的制丝绳的车间，几千条腿都在从纺丝器里往外拉丝。丝绳制好后，便被甩了出去，任凭风儿将它带走。我得实话实说，我并未看见丝绳，只是凭借自己的猜想。三四只蟹蛛同时出发，然后分道扬镳，各行其道，看着它们的爪子在灵巧地忙碌着，我就知道它们都在往上攀爬，顺着一个支撑物攀缘着。但它们身后的那根丝仍然可以看得出来，因为这是一条复线。等到达某一高度时，它们便停止了攀登，在空中荡了起来。经阳光一照，只见它们一个个闪闪发光，缓缓地在晃动着，然后便突然飞了起来。

这是怎么回事呀？原来，外面微风吹来，飘荡的丝断了，小蟹蛛被吊在"降落伞"上，被吹走了。我看着它们远去，像点点光点似的闪着光亮，落在了二十步开外的那片墨绿的柏树林中。第一只小蟹蛛消失了，其他的小蟹蛛也随之消失不见了，有的飞得高一些，有的飞得低一些，飞向不同的方向。

在阳光的照射下，骤然发出耀眼光芒的小蟹蛛犹如焰火一般。它们紧攥住飘荡的飞丝，飞向了辽阔的世界。但或早或迟，或远或近，它们都得落地。唉！生活所迫，必须降落，哪怕是降落到很低洼的地方去。这就如同带冠毛的夜莺，为了填饱肚子，不得不将路上的驴粪蛋捣碎，从中觅食。它在天上飞时，唱出动听的歌来，其实，那是它饥肠辘辘，找不到燕麦粒充饥所导致的，它必须落到地上，寻找食物充饥，解此燃眉之急。这是动物求食的本能使然。小蟹蛛因同样的原因也不得不降落，它们因有降落伞的保护，削弱了重力作用，不致被摔伤。

在有能力捕捉蜜蜂之前，小蟹蛛能够抓获多少小飞虫？采用什么方法去捕捉？是靠一些雕虫小技吗？它们最后将去哪儿过冬？凡此种种，我不得而知。春天到来时，我们还会见到它们的，但它们业已长大，并潜伏在蜜蜂采花蜜的花丛之中。

# 圆网蛛

圆网蛛的才能不因年龄之不同而发生变化。小圆网蛛未成年时如何工作，老年圆网蛛即使积累一年的工作经验，也同幼年时一样地工作。在它们的行当中，既无师傅也无徒弟，从铺第一根丝起，个个都对自己的行当非常精通。

七月初，一天傍晚，暮色苍茫，当新居民们正在我的荒石园的迷迭香上编织蛛网时，我突然在门前发现一只肚大腰圆、高傲而美丽的蜘蛛，是一位胖夫人，头年刚出生，其威风凛凛之态，在此季节实属罕见。我认出它是角形蛛，一身灰衣服，两根暗色饰带嵌于身体两侧，于后部相会，聚成一个尖尖。它从左右两侧把肚子底部短时间内胀得鼓鼓的。

我注意地观察着它，看到它拉出了一批丝来。七月整整一个月以及八月的大部分日子，每晚八点到十点，我都可以追踪观察它的织网过程。蛛网每晚都有小飞虫冲撞落网，或多或少地都会有些破损，所以它每天都得加以修补，免得洞越弄越大，难以修补，影响捕猎。晚间，我提着灯笼，很容易观察它所做的各种作业。它身子藏于一排柏树和一丛月桂之间的高处，面对着飞蛾经常飞临的狭窄通道。它的网设置的位置极佳，因为在整个夏季里，它虽然每晚都得修补破网，十分辛苦，但也说明它的猎获成绩斐然。有时候，黄昏时分，我们全家都会跑去看它。看到它在颤动不已的绳网上大胆地做着那么惊险的杂技动作，大人孩子全都十分惊叹。在我的提灯照亮之下，蛛网变成了一个美丽的圆形花饰，仿佛是月光编织而成的。

我把角形蛛的业绩记录下来，每日一记，毫不遗漏。从这些大事记中，我们首先可以了解到建造这个圆形建筑物的丝线是如何取得的。圆网蛛白天就蜷缩在柏树的绿叶中，到晚上八点光景，它便走出自己的隐居地，来到树杈梢上。它立于这高地上，先仔细地观察现场，制订计划，还要观云望天，看看夜间天气是否晴朗。

这之后，它便突然完全伸展开它的八条长腿，身子悬吊在从纺织器里拉出来的丝桥上，直线坠落。在下坠的过程中，丝也随之抽出。它就凭借自身重量作为拉力。但下坠并不因重量而加速，而是由纺织器在进行调节。它边下坠边收缩，或扩张或闭合纺织器的毛孔。这样缓缓地下降时，这条充满活力的垂直丝线就越拉越长。降到离地面两寸高时，它突然停下，纺织器停止了工作。它抓住自己刚刚拉出来的丝，回转身来，一边纺织一边沿原路往上爬去。但这一次体重却帮不上忙，它得另外想法拉丝：后面的两个步足迅速地交替运作，把丝从丝囊里拉出来，再逐渐地把丝抛弃掉。

它回到了两米高处的出发点。它已拥有一根双股丝线，结成环柄状，在空中轻轻地飘荡着。它把这双股丝线的一端固定在适当的地点，等着另外的那一端被风吹起来，把环柄黏结在附近的细树枝上。

也许要等待很久才能得到预期的结果。圆网蛛看上去倒挺有耐心，一点也不着急，可我却按捺不住，便走上前去助它一臂之力。我用麦秸把飘荡着的环柄挑起，把它搭在高度适当的一根细树枝上。 经我这么一弄， 丝桥搭建成功了， 圆网蛛看来颇为满意。
当它感到丝的另一端已经粘住时， 便从桥上一头到另一头一连跑了
几个来回， 每跑一趟都会在丝桥上加上一股丝线。 它就这么不停地
编织着框架的主要构件， 悬挂缆绳便铺设好了。 这丝缆很细， 看
起来也很简单， 但它的两端却像是开花似的分散开来， 形成树枝
状。 圆网蛛来回多少趟， 便有多少个分叉。 这一股股的分叉丝
线， 黏着点各不相同， 致使丝缆两端固定得十分牢靠。

　　悬挂缆则比整个蛛网的其他部分都更加牢固， 所以它留存得也
就更久。 经过一夜的捕猎， 蛛网一般都会受到不同程度的损坏，
第二天晚上几乎都得加以织补。 在彻底清理过的地方， 战场打扫完
了， 就得重起炉灶， 只有丝缆除外， 因为重新编织的网还得悬挂
在这根粗粗的丝缆上。 这条丝缆架设起来并非易事， 因为架设成功
与否并不完全凭借圆网蛛的技艺， 还得依靠空气的流动， 把细丝吹
到灌木丛中去寻找一个依托。 所以， 架设起来会费不少的时间，
而且还无法保证必然成功， 一旦架设好了一条既牢固、 方向又好的

丝缆之后，轻易是不会更换掉它的，除非发生了严重的事件。每天晚上，圆网蛛都从丝缆上走过来走过去，用新的丝来加固它。

当圆网蛛无法下坠到必需的位置，丝线太短，不能将环柄固定在远处，因此就形不成双股丝，搭不成丝桥的时候，它便采用另一种方法。它仍然下坠，然后又爬上来；不过，这一次丝的一端像蓬松的毛笔，各个细权没有黏在一起，宛如从淋蓬头里洒出来的水似的。然后，这根如同浓密的狐狸尾巴似的细丝，像是被剪刀剪断了一样，伸展开来，整根丝拉长了一倍。现在，它的长度便达到了要求，圆网蛛便把丝的一端固定起来，另一端则随着分散的枝权随风飘荡，不一会儿就会很容易地黏结到灌木丛上去。

圆网蛛无论是以何种方式铺设的丝缆，只要是铺设成功了，它就有了一个基地，可以随时接近或离开作为依托的枝丫了。这根丝缆是它扩建工程的上限；圆网蛛从这根丝缆可以变换降落点，往下滑一点，边滑边抽丝，再沿着抽出的丝往上攀爬，同时也抽出丝来，形成双股丝。圆网蛛在大丝桥上行走时，这双股丝便一直延伸到系着丝桥的细枝，随即便把双股丝自由的一端或高或低地系在细枝上，从而在左右两边造出了几个斜向横档，把丝缆和枝丫连在了一起。而这些斜向横档转而又支撑着其他的方向都有变化的横档。待到横档达到一定数量的时候，圆网蛛就无须再用下坠的方法来抽丝了，它可以从一根丝索到另一根丝索，用它的后足拉丝，逐渐地把丝架设起来，因此便出现了一系列的直线组合。这种组合并无一定之规，但保持在几近垂直的同一平面上。一个极不规则的多边形空地就这样圈定了，蛛网就编织在这片空地上，应该指出，网本身却是一个非常有规则的作品。

圆网蛛都是以中心瞄准点作为标杆来铺设等距离的辐射丝的。在铺设时都有辅助螺旋丝作为脚手架，但这脚手架只是临时性的，用完就丢弃。而且还都有许多圈相互紧密靠拢着的捕捉飞虫的螺旋丝。铺设这种捕捉飞虫的螺旋丝是一项极其精细的工作，因为工程要求必须有规则性。这么精细的工作是否需要极其安静的环境，不受外界的干扰，以免走神出错呀？它是不是需要安静的环境边干活边思考呀？其实是用不着的。我在一旁观察，而且手里还提着提灯，但它并未因此而分心走神，照样细心地工作着。它就像一架在黑暗中转动着的纺车，即使被光线照射着，仍旧在继续忙着自己的活计，既没加快速度，也没放慢步伐。

八月的第一个星期日是主保圣人节。星期二是庆祝活动的第三天，这一天晚上，村里在九点钟时，得放烟花庆祝节日的结束。烟花燃放点正巧设在我家门前的大路上，离我的圆网蛛的工作地点只有几步远。当大家敲着鼓，吹着号，手持树脂火把，再加上村里的小孩的欢闹，真的是一片熙熙攘攘，吵吵闹闹。这时，我的纺织姑娘正好在铺设它的大螺旋丝。我提着灯在观察着，但是，我仍旧看见纺织姑娘在静静地专心工作着，人群的喧闹声、鞭炮的噼里啪啦声、烟火的吱吱声，以及五颜六色的火花散落时的亮光，丝毫没有引起纺织姑娘的惊慌不安，它继续在有板有眼地忙碌着，如同平常在寂静的夜晚里一样。

圆网蛛刚刚在休息区边上结束了铺设大螺旋丝的活计，便把用节余的丝头线脑儿做成的中央坐垫给吃掉了。但是，在把这顿标志着织网工作结束的夜餐吃掉之前，蜘蛛目中只有两种蜘蛛——彩带蛛和丝蛛——还要对自己的工程进行最后的检查、认定，也就是说，它们还要从中心到休息区下部边缘铺设一条紧密相靠着的白色之字形带子。有的时候，甚至在上部也会再铺设一条同样形状，但稍许短些的带子。这种带子看似古怪，其实是用来加固蛛网的。年幼的圆网蛛开始时并不做这种加固工作，因为它们并未达到考虑未来的年龄，还不懂得节约用丝的重要性，所以，尽管网并未完全损坏，仍可以使用，它们每晚都要重新编织新网。既然还要重织新网，那旧网加固不加固又有什么关系呢？

可是，到了秋末冬初，成年蜘蛛感到产期临近，便不得不勤俭节约了，因为不仅卵袋消耗丝的量很大，而且，成年蜘蛛的网做得也大，需用的丝也就多，因此，它们不得不厉行节约，使网用的时间长些，免得筑巢搭窝要用丝时，捉襟见肘，日子难熬。

也许是出于这一考虑，或者有其他我尚不知晓的原因，反正彩带蛛和丝蛛认为有必要建造持久耐用的工程，用一根横向贯穿的带子来加固它们的捕虫网。而其他的圆网蛛的卵袋只不过是个简简单单的小弹丸，用丝不多，所以没有必要去编织加固丝网的之字形带子，它们与年轻蜘蛛一样，每天傍晚都要重新编织一个蛛网。

我们再来看看角形蛛是如何进行重新织网的工作的。日暮黄昏时分，角形蛛便从其隐居地小心翼翼地爬出来，离开遮蔽着它的柏树叶，来到捕虫网的悬挂缆上。在上面稍稍待上一会儿之后，它便下到网上，大把大把地收拢废网，把螺旋丝、辐射丝和框架也全都扒拉到步足下面来，只把悬挂丝缆留着，因为这个结实的部件是原建筑物的基础，稍事加工，仍可留作结新网之用。

收拢来的废网被揉捏成一小团，像吃猎物似的被蜘蛛吃掉，一点不剩。这再次表明圆网蛛是多么会过日子，多么克勤克俭。这些废网丝经过蜘蛛胃的加工，又变成液体，将留作他用。

清扫完场地之后，角形蛛便在留下的那根悬挂丝缆上开始编织框架和网。晚上九点钟光景，角形蛛把网编织好了。晚间天气甚好，树梢纹丝不动，正是飞蛾夜巡、自投罗网之时。刚才我已经说了，在大螺旋丝弄好之后，圆网蛛就将中央小坐垫给吃掉了，然后回到休息区去守株待兔。这时候，我便用小剪刀沿着一条直径把蛛网剪成两半。辐射丝立即收缩回来，网上便出现了一个可以伸进三个指头的空洞。

躲藏在丝缆上的蜘蛛看着我在搞破坏，倒也并不太惊慌。当我剪完之后，它便平静如常地爬了回来，在剩下的那半张网上停下，待在整个圆面的中央。由于身体的一侧的步足没有地方可以支撑，它便明白这网已经破损，便立即拉了两根丝横穿在缺口上，没有地方支撑的步足便伸到这两根丝上，它就不再动弹了，一心在窥伺着飞虫的落网。

这个纺织姑娘整个晚上都没有像我所企盼的那样去把破网织补好，而只是死守在那半张剪剩下来的残缺不全的网上，等着捕获猎物。因为第二天早晨，我又去看时，那网仍旧与我头天晚上离开时一模一样，没有任何织补了的迹象。

横拉在缺口上的那两根丝并不是它想修补破网。由于身体一侧的那些步足失去依托，要去打猎时，它便从裂缝中穿过去。在它往返的路上，它像其他的圆网蛛一样，留下一根丝来。但这也并不说明它想织补破网，而只是心情不佳、闷闷不乐、来回走动，借以消怒而留下的丝而已。我用剪刀剪坏它的网，它却固执地不去织补，那好，一计不成，我另设一计。

第二天，蜘蛛把头一天的网吞吃下肚之后，又织出了一张新网。工作完毕之后，我趁它回到中央区待着时，用一根麦秸小心翼翼地拨动螺旋丝，把它拉出来，但并不破坏辐射丝和休息区。螺旋丝晃动着，一截截地断了。捕虫螺旋丝损毁，蛛网就没有用了，尺蛾飞过也捕捉不到。面对这场灾难，圆网蛛会干什么呢？它什么也没干。它只是一动不动地待在我给它预留的休息区里，等待捕捉猎物。但那网已经起不了捕捉飞虫的作用了，它白白地守候了一夜。翌日清早，我去查看时，发现那网仍破损如昨，足见圆网蛛虽饥肠辘辘，仍不思修补自己的大本营。

也许它在铺设好那根大螺旋丝之后，丝器里的丝已经告罄，不可能再连续不断地吐丝了。但我却希望不是这个原因造成的，盼着另有别的原因，我坚持不懈地等待着，终于有了结果。在我紧紧地盯着它在绕大螺旋丝时，有一只猎物傻乎乎地落入这个残缺不全的陷阱。圆网蛛一见，立刻放下手上的活计，冲向那个倒霉的冒失鬼，用丝把它缠住，美美地吃了起来。在与那个挣扎的倒霉蛋搏斗时，圆网蛛看到网的一角被撕破了，出现了一个大洞，这会影响捕猎。面对这个大洞，它会如何处置？这时候必须赶紧修补，否则就永远无法进行修补了。事故就出现在它的脚下，它不会不知道的，再说，此刻，它的纺织厂正在开工，纺织器里不会没有丝的。可它根本就没去理会，它把猎物吮吸了几口之后便撇下了，回到因捕食尺蛾而中断了工作的地方，继续去铺设它的大螺旋丝。有些人不知出于什么理论的需要，竟然大肆颂扬蜘蛛的织补能力，可我所做的实验却证明完全不是这么回事：蜘蛛根本就不会织补破网。它尽管苦恼，若有所思，却不会去给破洞补上一块布的。

其他的一些蜘蛛不会编织大网眼的网，经它们织出的绸缎上，丝线随意地交叉着，形成了连续不断的丝绸料子。这类蜘蛛中包括家蛛。它们在我们的墙角上铺就一块宽大的丝绸布，固定在墙角突出的地方。它就躲在侧面的角落里，那是它的住所，这住所是一根丝管，管口呈锥形的一个长廊，它就藏于其中，窥伺外面的情况。这块丝绸布胜过我们最柔软的平纹布，极其精细，但它并不是一个捕猎工具，而是一座平台，蜘蛛可在上面巡逻，特别是在夜晚。真正的捕猎器是张在这个平台上的一堆乱丝绳。这类蜘蛛编织捕猎器的规则与圆网蛛不同，因而其运作方式也有所不同。那上面没有黏稠的线，只有简单的线圈，由于铺就得密密麻麻，猎物一旦落入，甭想溜掉。一只飞虫落入此陷阱，越是挣扎，就越是被缠得紧紧的，家蛛见状，立刻冲上前去，把它掐死。

我做了个实验。我把家蛛的这块丝绸布弄了个圆洞，直径有两指宽。一整天，洞就这么敞开着，但是，到了第二天，我却发现洞已经被盖住了。盖着洞口的是一片细密的薄纱，薄得看不出来，必须用一根麦秸去挑一下，才能感觉得到，因为麦秸往那儿一戳，丝绸布便会摇动，便会知道是遇到障碍物了。

事情是明摆着的：夜里，家蛛把破损建筑物修补过了，给破丝绸布添了个补丁，这可是圆网蛛所不具备的才能。家蛛的这块丝绸布既是它的监视哨所，又是它的捕猎网，猎物一旦被上面的吊索抓到，便会坠落到这块丝绸布上。这个捕猎场不断地会有猎物坠落，却并不很牢固，因为墙皮斑驳，有细泥灰落下，把网坠破，所以家蛛得经常加工，每天夜晚都要在上面加上新的一层。

它每次从管状隐蔽所出来或回去，总要把系在身后的一根丝牵长，留在走过的路上。我每每可以看见搭在表面的丝线，其方向全都汇聚在管状隐蔽所的入口处，无论家蛛随心所欲，走的是直道，还是拐来绕去。这就表明，它每走一步，都要给这块丝绸布添上一根丝线。这与松毛虫倒是同出一辙，松毛虫夜晚从其丝屋里出来进食或返回屋里休息，总要在其住所的表面留下一条丝线。每次出征都要为自己的住所"添砖加瓦"。

家蛛正是如此，它每天夜晚都要到平台上来溜达，同时也就给平台加上了一层，无论平台上是否出现空洞。它这并非有心在为撕破的地方织补一块，而只是继续在做自己的习惯动作。如果说破洞终于给补上了，那也只是说明是习惯使然，而非家蛛特意为之。再者，如果说要把破洞织补上的话，那它就该集中全部注意力，把丝全都用在破洞上，一下子把损坏处弄得与其他地方一样的平展。可我所看到的却是，破损的地方只留下一层薄薄的几乎看不见的细纱。显然，它在破洞上的所作所为，与它在别处的做法一模一样，不多也不少。它并没把丝全用在破洞上，它这是在节约材料，以便留着丝好织一整张网。要把损毁处逐渐地修补好，得花好长的时间。足见，无论是地毯女工还是纺织姑娘，都不懂织补这门手艺。现在，我们还是来仔细观察一下圆网蛛是如何巧妙地编织自己的螺旋丝网的。只要稍加留意，就会发现，组成捕虫网的丝与构成框架的丝是不一样的。它们在阳光下闪烁着，显现出其中的结节，状似一串小颗粒编成的念珠。因为一有点风，网就飘来荡去的，无法用显微镜直接观察。于是，我便把一块玻璃片放在网下，抬起那张网，取下几段丝来，平放在玻璃片上，然后把它放在放大镜和显微镜下面仔细地加以观察。

我简直无法相信，这些肉眼看不太清的丝的末端，竟然是一圈圈密实的螺旋丝，而且，这丝还是空心的，是一根极细极细的管子，管内满是类似于阿拉伯树胶的黏液。这黏液从丝端流出半透明状的液体。我用玻璃片压住它，放在显微镜下的托座上，只见螺旋卷延伸成细带，带子从一头到另一头全都扭卷着，中间有一道暗线，即为空腔。

丝里面的黏液就穿过这卷曲的管状丝的壁，一点一点地往外渗，使整个网都具有黏性，而且黏度很高。我用一根细麦秸轻轻地触碰了一段丝的第三四节。尽管是轻而又轻地一触，麦秸还是被粘住了。我抬高麦秸，丝被拉起，长度比原先增长了一两倍，最后，由于绷得过紧，丝便脱落了，但并没有断，只是缩回到原先的长度了。丝被拉长时，螺旋卷便松开来，缩回去时，又卷曲起来。最后，黏液渗到丝的表面，使丝变成了黏合物。

总之，这螺旋丝是我从未见过的纤细如发丝的细管。它卷成螺旋状以便具有弹性，使之经得住猎物的挣扎而不致被拉断，让猎物得以逃脱。丝管里储存着大量的黏性物质，不断地渗透出来，在丝的表面因暴露于空气中而减弱黏附力的时候，可以恢复丝的黏性。这简直是太奇妙了。圆网蛛并不是在一般性的网上捕食，而是在带黏胶的网上捕猎。其黏性之大，令人叫绝，就连蒲公英的冠毛轻轻擦过，也都会被粘牢的。可是，圆网蛛天天在这张网上爬来爬去，怎么就没被粘住呢？

我前面已经介绍过，蜘蛛在其捕虫网的中央留着一个区域，黏性螺旋丝是不进入这一区域的，它们在离这个中心区尚有一定的距离时便终止了。这个中心区域在整张网中占有掌心那么大的面积，它由辐射丝和辅助螺旋丝的开端构成，不具有黏性。我用麦秸在这个中心区试探过，在这个中心区内的任何地方，都不会被粘住。

　　圆网蛛只是驻守在这个中心区，这个休息地内，几天几夜地监视着，等待猎物自投罗网。但是，猎物经常是在大网的边缘被粘住的，蜘蛛一见，立即冲上前去，把猎物五花大绑，让它挣扎不了。那么，它是如何在那黏性丝上行走的呢？我见它行动时快如闪电，毫不犯难，黏性丝并未因其步足的移动而被带起来。这到底是怎么回事呀？

　　我小的时候，每逢周四下午不上课时，同学们都会三五成群地跑到田野里去抓金丝雀。我们在给竹竿头上涂黏胶之前，总要先用点油抹抹手，以免粘住了自己的手。圆网蛛是不是也了解油脂的这个用途呢？

　　我用纸沾了点油把麦秸擦了擦，再把它拿到螺旋丝上试了试，果然，麦秸没被丝粘住。于是，我便从一只活圆网蛛身上取下它的一只步足，把它放在涂了油的麦秸上让它与黏丝相接触，它就像是在非黏性丝上一样，没有被粘住。圆网蛛在任何情况之下都不会被粘住，这一点我们早就应当预料到的。

　　我又做了一个实验，但结果却完全不一样了。我把这只步足先放在油脂物的最佳溶解剂——硫化钠中浸泡了一刻钟，然后，用一支浸泡了这种溶解剂的毛笔仔仔细细地把这只步足清洗了一番，然后，把它与捕虫网的螺旋丝一接触，它就立刻被粘得牢牢的了。我因此得出结论，圆网蛛之所以不会被黏性极强的螺旋丝粘住，说明它身上肯定有着一种脂肪物质。仅仅由于出汗，也会在蜘蛛身上轻轻地涂上一些这样的脂肪性物质的。蜘蛛身上涂着一层特殊的汗液，在网上就能行动自如，不用惧怕那黏性螺旋丝了。

　　不过，即使如此，圆网蛛也不可在螺旋丝上待得太久。与这种黏性丝接触得太久，就会造成黏附，从而妨碍它行动自由，而它必须保持敏捷的身手，才能在猎物挣脱掉之前，把猎物尽快地捆绑起来。因此，它用来长时间窥伺的地方是绝对不会有黏性极强的螺旋丝的。圆网蛛只是在这块休息区里才这么静止不动地长时间待着。它伸开自己那八只步足，时刻准备着发现蛛网晃动，有猎物落网，冲将出去。它即使是用餐进食，也是待在这个休息区里。因为有时猎物较大，得吃上好长时间，只能把猎物弄到休息区里来美美地细嚼慢咽。它在把猎物五花大绑，使之失去挣扎能力之后，把它拖到一根丝的末端，以便在没有黏性的中心区里享用。

　　这种黏性胶数量很少，无法对它的化学特性加以研究。我们从显微镜下可以看到从断丝里流出一种略带粒状的透明液。我通过实验了解到了这种液体的情况。

　　我用一块玻璃片穿过蛛网，采集到了一些固着成平行线的黏胶丝，然后，把这块玻璃片放在水面上，用一个罩子把它罩起来。罩子里湿度很高，不一会儿，蛛丝边儿便伸展开来，在一种可溶于水的套管中逐渐膨胀，变成了流体。这时候，丝管的螺旋形状消失了，在蛛丝的管道里出现了一种半透明的圆珠，也就是出现了一些极小极小的颗粒。

　　二十四小时之后，丝里面的汁液没有了，丝变成了几乎难以看出的细线。我如果在玻璃片上滴上一滴水，几乎立即便会看到一种黏性分解物。由此可见，圆网蛛的黏胶是一种对湿度极其敏感的物质，在温度饱和的环境下，它会大量地吸收水分，然后通过丝管渗透出来。因此，圆网蛛通常不会在大雾天里织网，更不用说在雨地里了，因为捕虫网被雾浸湿便会溶解成黏性破片，由于受潮而失去效用，但这并不妨碍它们构建总的框架，架设辐射丝，甚至绕辅助螺旋丝，因为这些部件不会因湿度过大而受到损毁。

在毒日头的暴晒下，捕虫网为什么没有变干、萎缩，变成僵硬而无活力的细丝呢？反而始终是那么具有弹性，而且黏附力越来越强呢？这完全是由于它对湿度的极大的敏感性导致的。空气中永远都会存在湿气，湿气会慢慢地浸入到黏性丝里去，随着丝里原有的黏性逐渐地消失，它会按照要求稀释丝管里浓稠的胶汁，并让胶汁渗透到管外来。这就解决了螺旋丝变干变硬的问题。尽管如此，我仍旧没有弄明白这个出色的拉丝厂是如何工作的。丝质的东西怎么会铸造出极细的管子来？这管子又怎么会充满着黏胶，而且卷成螺旋形？这同一家拉丝厂怎么既能提供普通丝，用来加工框架、辐射丝和螺旋丝，又能提供彩带蛛丝袋里的那种棕红色的丝以及装饰在丝袋上的横条黑色饰带的？我看见了这许许多多不同品种的产品，却不了解这部机器是如何运作的。我才疏学浅，这个问题只好留待解剖学家和生物学家去解决了。我们现在还是来看看圆网蛛身上是否有"电极线"吧。

在我所观察的六种圆网蛛中，只有彩带蛛和丝蛛这两种蜘蛛即使是烈日当头，也始终待在自己的网上，而其他的蜘蛛一般都是在夜晚出现。它们在离网不远的灌木丛里有自己的简易隐蔽所，白天通常都待在那儿静止不动，专心窥伺外面的动静。但是，它毕竟离得较远，它到底怎么发现猎物落网的呢？其实，网的颤动比亲眼看到猎物更会引起它的警觉。我做了一个实验，在彩带蛛的黏胶网上放了一只刚刚死去了的蝗虫。不管我怎么放，蜘蛛都没有任何反应，即使我把蝗虫放在它的前方不远处，它仍旧是一动不动，似乎毫无知觉似的。我于是便用一根长麦秸轻轻地拨动了一下死蝗虫，彩带蛛和丝蛛立即从中心区冲了过来，其他的一些蜘蛛也从树叶下面钻出来，奔向猎物，用丝把猎物捆个结结实实，如同平常捕捉活物一样。这就证明，必须让网震动才能使蜘蛛发动冲击。

会不会是因为蝗虫体色泛灰，不太能引起蜘蛛的注意？那么，就给它换一个颜色鲜亮的猎物，红色的。蜘蛛捕食的猎物中还没见过有穿红颜色外衣的，我便用红毛线绕了一个小圆团，大小与蝗虫一般，粘在蛛网上。

　　此计甚妙。只要小毛线团一动，蜘蛛就立刻冲过来；没让毛线团动弹时，蜘蛛却是静止不动地待在其中心区域里的。有一些冲过来的蜘蛛，傻乎乎地用脚尖触碰小红线团，用丝把它捆绑了起来，甚至还咬了咬这个诱饵。这时候，它们才发现那不是什么猎物，便悻悻地离去了。另外一些蜘蛛比较狡猾，虽然也被这红毛线制作的诱饵吸引了过来，但它们先用触须和步足进行了试探，立刻便发现那不是什么可吃的东西，就没浪费自己的丝去捆绑诱饵。经过一番检查，便弃之离去了。

　　但是，不管怎么说，聪明的也好，愚笨的也好，反正它们都冲了过来。那么，它们究竟是怎么获得情报的呢？肯定不是靠视觉。在发现错误之前，它们必须先用步足抓住"猎物"，甚至还要咬一咬。蜘蛛的视力极弱，诱饵不会动弹，即使近在咫尺，它们也看不见，何况，多数情况之下，捕猎是在夜间进行的，即使视力再好，夜晚也看不清东西。所以，它一定配备有一个远距离接收信息的仪器。我们随便找一只蜘蛛来观察，就会发现，当它白天躲在隐蔽处窥伺时，有一根丝从网的中心拉出来，斜向拉到蛛网平面之外，一直通向蜘蛛白天的隐蔽哨所。这根丝线除了与中心点相连之外，与蛛网的其他部分没有任何关系，与框架的线也不发生交叉。这条线通常长约半米。角形蛛因为高踞于树上，它的这根丝线就更长些，达两米。虽然，这根斜向丝线是一座丝桥，当蜘蛛遇有紧急情况，便会迅速地从桥上跑到网上来，巡查结束后，又从桥上返回隐蔽哨所。实际上，这就是它来回往返所走的路。但是，可能不仅如此。如果圆网蛛只是为了在隐蔽所和网之间搭建一条快速通道的话，把丝桥搭在网的上部边缘不就行了吗？这样的话，路程既短，斜坡又不陡。

再有，这根丝为何总是以黏性网的中心为起点，而不设在别处呢？因为这个中心点是辐射线的汇聚处，是一切震动的震中，网上的所有东西都会把其颤动传到这个中心点上，因此，中心点上的这根斜向丝线就可以把猎物挣扎震颤的信息传到远处。这根线是个信号器，是根电极线。

我们再来做个实验。我把一只活蝗虫放到蛛网上，被粘住的猎物拼命地挣扎。只见蜘蛛立即兴冲冲地爬出隐蔽所，从丝桥上下来，扑向蝗虫，把它捆绑住，注射上麻醉药，然后，用一根丝把俘虏固定在丝器上，拖到隐蔽所，美滋滋地享用起来。

过了几天，我又对它进行实验。仍旧用的是一只蝗虫。但这一次，我先把信号天线给剪断了。猎物放到网上后，同样是拼命地挣扎，震颤着蛛网，但蜘蛛却一动不动，好像无动于衷似的。这并不是因为丝桥断了，它来不了了，它有几十条道可以来到该去的地方，因为网由许多丝系在枝丫上，通道多的是，来去自由，方便至极。可是，捕猎者就是没动窝。为什么呀？因为它的电极线被我给剪断了，没有获得引起猎物的震颤的消息。整整一个钟头了，蝗虫仍旧在踢蹬着腿挣扎着，捕猎者仍旧是一动不动地待在原地。最后，它发觉那根信号线绷得不紧，很是蹊跷，便顺着框架上的一根丝，毫不困难地来到网中，了解情况。于是，它发现了猎物，立即将它捆绑起来，然后，又去架设电极线，取代被我剪断了的那一根。它通过这条新丝桥，拖着战利品，回到隐蔽处。

这之后，我又对其电极线长达三米的粗壮的角形蛛进行了实验；后来，又对另一种圆网蛛——漏斗蛛进行了实验。这两次用的猎物是蜻蜓，实验的方法相同，结果也完全一样。实际上，各种蜘蛛都有这种捕猎所必需的电极线，不过，只是到了喜欢休息和长时间地打盹儿的年龄才会有。年幼的圆网蛛则没有，一来是因为它们比成年蜘蛛警觉，二来它们也没有掌握收发电极的技术。再者，年幼蜘蛛编织的网存在的时间短，没等到第二天，就全都不能用了，所以没有架设电极线的必要。

埋伏着的蜘蛛的脚一直踩在电极线上，这样一来，它就可以不必总要强打起精神来时刻警惕着，可以安然地休息，用不着过分劳累，甚至背朝着网也能知晓网上的动静。我就观察过一只胖大的角形蛛，它在两棵月桂树中间编织了一张直径有一米的大网。阳光照射在网上，而角形蛛在黎明时分便已离开了网，躲藏在它白天休息的庄园里。我顺着那根电极线查过去，很容易地就发现了它的庄园。那是一个用几股丝连起来的枯叶建成的隐蔽所。此屋极深，角形蛛除了它那圆乎乎的屁股之外，身子全都隐蔽得看不见了，而它那肥臀却把隐蔽所的大门堵了个严严实实。

它把前半身整个儿地藏进隐蔽所里，根本就看不到它的那张大网，即使它视力再好，而非弱视，它也无法看见猎物的。这并不说明，在这阳光普照的时刻，它只顾歇息，不想捕获了，我们再来仔细地观察一下。只见它的一只后步足伸到屋外来，而那根电极线就连在这只足的足尖上。突然间，有只猎物撞到网上，这只步足立刻接收到了震颤的消息，角形蛛睡意顿失，立即惊醒过来，冲了出去。那是我故意放上的一只蝗虫，引得它匆匆地赶来。它见了那只蝗虫后，非常满意，而我则因为刚才所获得的资料，比它更加开心。

第二天，我切断了电极线。然后，我放了两个猎物（一只蜻蜓和一只蝗虫）在那张大网上。蝗虫那带刺儿的长腿拼命地踢蹬着，而蜻蜓的翅膀则一直在颤抖着，几片离蛛网很近的树叶，由于与蛛网框架的丝线连在一起，也跟着摇动个不停。这么大的动静就发生在离角形蛛非常近的地方，却没有引起它的注意来，它根本就没有扭转身子来探看一下发生了什么事情。报警线断了，角形蛛成了睁眼瞎，什么都不知道了，整整一天，它就这么待着，一动不动。晚上八点光景，它爬出隐蔽所来重新织网时，才突然发现这两只天赐猎物。

另外，我也想介绍一下圆网蛛的"洞房花烛夜"的情况。圆形蛛同其他昆虫一样，也要交配，也要繁衍子孙后代。不过，这虽然十分重要，可我也不想赘述，因为圆形蛛野性十足，它们神秘的一夜情，很容易变成悲剧性的葬礼。

说实在的，我只见过一次蜘蛛交尾，这我还得感谢我的胖邻居——角形蛛，是它给了我这次观察的机会，因为我经常要去拜访它。经过情况是这样的：八月的第一个星期，晚上九点来钟，天气晴朗，炎热无风。我的这位胖邻居还没织网，一动不动地待在悬挂丝上。此刻本应是忙着干活儿的时候，它却如此悠闲自在，我好不纳闷儿，觉得必定有什么事情发生。果不其然，我看到一只雄蜘蛛从附近的灌木丛中奔来，爬上了缆绳。来者是个侏儒，矮小瘦弱，却跑来向胖夫人献殷勤。这个小东西，待在偏僻的角落里，怎么会知道这儿会有一只已达适婚年龄的雌蜘蛛呢？夜深人静，没有呼唤，没有信号，它们是怎么了解到的？大孔雀蝶是闻到神秘的气息，才从方圆几千米的地方飞到我的房间里来，拜访被我罩在玻璃罩下的雌性大孔雀蝶的。今晚的这个小家伙也是个夜间朝圣者，它越过乱七八糟的树叶，准确无误地直奔那位走钢丝的女杂技演员。它具有可靠的指南针在为它指引方向，奔向雌蜘蛛。它在悬挂丝缆上小心翼翼地一步一步地向前爬着，爬到一定的距离，它却停了下来。它在犹豫不决？它还会更靠近些吗？时机成熟了吗？不是的，只见雌蜘蛛举起了步足，来者便吓得连忙走下丝缆。过了一会儿，害怕的劲儿过去了，它又爬了上来，走得更近了些。它这么忐忑不安地来来回回地爬来爬去，正是热恋者的一种求爱的表示。

坚持就是胜利。现在，它俩面对面地停住了：胖夫人一动不动，表情严肃凝重，而侏儒则显得十分激动。它竟然胆大包天，竟敢用脚尖去撩拨胖夫人。它也真是太过分了，自己也给吓了一跳，顺着挂在安全带上的垂直线突然坠落下去。这都是顷刻之间发生的事情。现在，侏儒又爬了上来。它心里有数，对方对自己的一再恳求有所让步了。

雌蜘蛛在雄蜘蛛的挑逗下，奇怪地跳了开去，用前跗节抓住一根丝，向后连翻了几个跟斗，如同体操运动员在单杠上向后滚翻一样。胖夫人这么一翻，大肚子的下部便呈现在侏儒的面前，后者便用触须去触碰了一下。就这么一下，事情便宣告结束了。侏儒见目的已经达到，便匆匆地逃走，仿佛有复仇女神在身后穷追不舍似的。

侏儒走了，新娘从悬挂丝缆上下来，织好网，准备捕猎。必须吃点东西才会有丝，有丝才能织网捕猎，才能织出安家的茧。因此，在洞房花烛夜，尽管心情激动，新娘却无暇歇息。

# 萤火虫

在我们这个地区，萤火虫可谓无人不知，无人不晓，没有什么昆虫像它那么家喻户晓的了。这个人见人爱的小东西，为了表达生活的欢乐，竟然在屁股上面挂了一只小小的灯笼。炎热的夏夜里，没有人没见过它的。古代希腊人称它为"朗皮里斯"，意为"屁股上挂灯笼者"；法语中则称它为"发光的蠕虫"。其实，萤火虫绝对不是什么蠕虫，即使是从外表上来看，它也不像蠕虫。它有六只短小的脚，而且十分明白如何使用自己的脚。它是可以用小碎步奔跑的昆虫。雄性萤火虫发育完全后，如同真正的甲虫一样，长着鞘翅。但雌性萤火虫却无此造化，享受不到飞翔的快乐，终身保持着幼虫的形态。不过，雄性萤火虫在尚未到达交尾期之前，形态也是不完全的。即使如此，称它为"蠕虫"也是不恰当的。法国有句通俗语，叫"像蠕虫一样一丝不挂"，用以形容身上未穿任何保护性的衣物，但是，萤火虫可是穿着衣服的，就是说它有略为坚韧的外皮，而且它还有斑斓的色彩，身体呈棕色，胸部呈粉红色，环形服饰的边缘还点缀着两个红红的小斑点。这哪儿会是蠕虫呢？

我们先来看看萤火虫以什么为生吧。萤火虫看上去既小又弱，像是与他人无害，可它却是个最小最小的食肉动物，是猎取野味的猎手， 而且， 捕猎时还相当狠毒。 它的猎物通常是蜗牛。 昆虫学家们早已知道萤火虫的这一习性。 但是， 我从他们书中的介绍中， 总感到人们对这一点了解得很不充分， 特别是对萤火虫的奇怪的攻击方法， 几乎是一无所知。

　　萤火虫在啃啮猎物之前， 先对猎物施之麻醉， 使之失去知觉。 它的猎物通常是很小的蜗牛， 个头儿还没有樱桃大， 是处于变形状态的蜗牛。 夏日里， 这种蜗牛一大群一大群地聚集在稻子和麦子的茎秆上， 或者其他植物的干枯的长茎上， 在上面一动不动地要待上整整一个炎热的夏季。 正是在这种时候， 在猎物处于这种状态中， 我不止一次地观察到萤火虫对猎物发动攻击， 对之施以灵巧的外科麻醉手术， 使猎物在颤动着的茎秆上昏死过去， 然后， 对之下口， 美餐一顿。

　　萤火虫对其猎物的其他藏身处所也了如指掌。 它经常飞到沟渠旁边，因为那儿土地潮湿，杂草丛生，是蜗牛喜爱的栖身之所。在这种情况之下，萤火虫便在地上对蜗牛施以麻醉术。我在家中也饲养了一些萤火虫，它很容易被捕捉到，也很容易喂养，因此，我可以仔细地观察研究这位外科医生做手术的详细过程。

我在一个大玻璃瓶里放上一些草，把捉到的几只萤火虫和几只蜗牛也放了进去。蜗牛个头儿正合适，不大不小，正在等待变形，正符合萤火虫的口味。我寸步不离地监视着玻璃瓶中的情况，因为萤火虫攻击猎物是瞬间的事情，转瞬即逝，不高度集中精力，必然会错过观察的机会。我终于发现是怎么个情况了。萤火虫稍微探了探捕猎对象。蜗牛通常是全身藏于壳内，只有外套膜的软肉露出一点点在壳的外面。萤火虫见状，便立刻打开它那极其简单、用放大镜才能看到的工具。这是两片呈钩状的颚，锋利无比，细若发丝。用显微镜观察之，可见弯钩上有一道细细的小槽沟。这就是它的工具。它用它的这种外科手术器械不停地轻轻击打蜗牛的外膜，其动作不像是在施以手术，而像是在与猎物亲吻。用孩子们的话来说，它像是在与蜗牛"拉钩"。它在"拉钩"时，有条不紊，慢条斯理，不慌不忙，每拉一次，都要稍事休息片刻，似乎是在观察"拉钩"的效果如何。它"拉钩"的次数并不多，顶多五六次，就足以把猎物给制服，使之动弹不得。然后，它就要动嘴进食了，它很可能也是要用弯钩去啄，因为我几次都未观察清楚，所以对这一点我却说不太准。总之，萤火虫在施行麻醉手术时，动作麻利，立竿见影，快如闪电，不用问，它利用带细槽的弯钩已经把毒液注入蜗牛体内，使之昏死过去。

我检查了一下猎物。在萤火虫与蜗牛拉了四五下钩之后，我便立即从它口中夺下它的猎物，用针尖刺蜗牛的前部，亦即缩在壳内的蜗牛所暴露在外的身体。我没看到它有任何反应，仿佛像是一具没了生气的尸体。

我还发现一个令我信服的例子。有一次，我幸运地看到一只蜗牛正在爬行，其足正在蠕动着，突然，萤火虫向它发动了袭击。蜗牛十分惊慌，乱动了几下，然后便一动不动了。它的脚不再爬行，身体的前部也失去了如同天鹅脖颈那种优美的弯曲状，触角软软地耷拉下来，如同一支折断了的手杖。它一直保持着这种状态。

蜗牛是否真的被蜇死了呢？没有，根本没有。我可以让这只表面上看似已死的蜗牛活过来。我把这位处于半死不活状态下的病人隔离开来，给它洗了个澡，尽管这对于取得实验的成功并非绝对必要。

两天过后，这只被萤火虫施以麻醉术的蜗牛终于复活了，它又能动弹了，又有了感觉了。我用针尖刺它，它有反应，它开始蠕动，爬行，伸出触角，仿佛什么危险都没有发生过，像个没事人似的。那种昏昏沉沉、如死一般的全麻状态已经消失，它苏醒过来了。

对于蜗牛这样一个与世无争、平和温顺的对手，萤火虫有何必要先要对之施以麻醉术呢？这使我想起了另一种昆虫，名叫德里尔虫，生活在阿尔及利亚。这种昆虫虽说不会发光，但其身体结构，尤其是在习性方面，与我国的萤火虫却颇为相似。德里尔虫以陆生软体动物为食，它所捕食的是一种圆口类的动物。这种动物有着美丽雅致的陀螺形外壳。一块结实的肌肉把一个石质封盖固定在这种圆口类动物身上。这个石质封盖把甲壳闭合得严严实实。这个封盖是个活动的门。居于甲壳内的隐居者只需缩回身子，封盖便立即盖上。当隐居者想要外出时，此门也很容易打开。德里尔虫被黏附器（我们下面将会看到萤火虫也具有这种同等器具）固定在蜗牛的甲壳表面，耐心地等待着、窥伺着，等着甲壳里面的蜗牛憋不住，露出身子，便立刻冲到门边，把门挡住，关闭不上，自己则进入门内，占领了这个城堡。我并没有经常见到这种德里尔虫，但我认为，它的进攻策略与我们的萤火虫颇为相似。它钻进甲壳内，身子扭动几下，里面的隐居者也就丧失了反抗的能力。

我们还是回过头来谈谈我们的萤火虫吧。如果蜗牛在地上爬行，甚至就龟缩在壳里，萤火虫袭击它是很容易的事，因为蜗牛的壳没有封盖，而且，蜗牛身体的前部暴露在壳外，因此它无法自卫，很容易被伤害。即使蜗牛待在高处，紧贴在一棵禾本植物的茎秆上，或者紧贴在一块光滑的石头上，袭击者无从下手，但是，只要是这个外界的封盖稍有缝隙，它仍然难逃厄运。

萤火虫施以麻醉术时，总是非常小心、轻手轻脚地对待它的猎物，不想引起对方的注意，免得它挣扎、乱动，从高处掉到地上。如果猎物掉到地上，萤火虫也就不会再想方设法地寻找它了，因为它只是依靠运气去捕捉落入口中的猎物，而不想费心劳神地去寻来找去。因此，萤火虫在发动袭击的时候，从不掉以轻心，总是小心谨慎地不让猎物感到疼痛，使其肌肉失去反应，否则猎物便会从高处掉下地来，到嘴的猎物便化为乌有了。由此不难看出，突然对猎物施以深度麻醉，一针见血，是它捕捉猎物的绝招。

萤火虫如何享用其猎物呢？它是不是真的在吃它？也就是说，它是不是把蜗牛切成细小的碎块，然后用自己的所谓的咀嚼器把它们嚼烂、咽到肚子里去？我看并非如此。我所捕捉到的萤火虫，嘴上从未发现有固体食物的碎渣细末什么的。萤火虫的所谓"吃"，并不是真正意义上的那种吃，而是吮吸，如同蛆虫那样，把猎物化为汁液，然后吸入肚里。与双翅目昆虫爱吃肉的幼虫一样，萤火虫也是先把猎物变为流质，对之进行液化处理、加工，然后食之。我把我所见到的萤火虫"吃食"的过程介绍如下：

萤火虫对蜗牛施行了麻醉。它几乎总是单独操作，即使是遇到一只个头很大的蜗牛，它也不找助手。在它施行完麻醉手术后，总会有宾客不请自来，两三位，四五位，甚至更多。众宾客来到餐桌前，与食物的真正主人并无纷争，毫不客气地尽情享用，不分彼此。两天后，主人与食客都离去了，我便把蜗牛壳口冲下翻倒过来，只见壳里的东西如同锅口朝下倒浓汤似的，全流了出来。主客吃饱喝足了之后，不屑一顾地把残羹剩饭给撇下了。

事情很明显，我先前所说的"拉钩"之后，也就是萤火虫东一口西一口地轻轻拍击蜗牛之后，蜗牛昏死过去，然后，众宾客齐上阵，都在用特有的消化素对猎物进行加工，最后，蜗牛肉便变成了蜗牛肉粥了，接着，大家便一起尽情享用，尽兴而去。这样看来，萤火虫嘴上的那两只弯钩外表上看去并无保护层，是其进攻猎物的利器，刺入对方体内，注入麻醉药剂，并使对方的肉质液化，而这麻醉药剂很有可能就是萤火虫的体液。在放大镜下仔细地进行观察，可以很清楚地看到它的这种微型器械，可我感到它们却不像是钩子。它们的中心是空的，与蚁蛉的那对工具颇为相似；蚁蛉就依靠这种工具吸食猎物的肉，而并不把猎物肉切成小细块。不过，萤火虫又与蚁蛉的表现颇为不同：蚁蛉用餐完毕，会从沙地的漏斗状陷阱中抛出大量的丰盛食物；而萤火虫有液化装置，绝不糟蹋食物，或者说，几乎不糟蹋食物。二者掌握着类似的工具，但是，一个是用来吮吸猎物的血液，而另一个则采用液化设备，使食物变成流质，全部食之。

有时候，蜗牛所处的位置不太好，难以保持平衡，但是，萤火虫毕竟动作敏捷，不以为然，干净利落地就处理完了。我透过喂养着萤火虫的那个大口玻璃瓶，清楚地看到了全过程。大口瓶上盖着一块玻璃，蜗牛沿着玻璃瓶内壁往上爬，一直爬到瓶口边沿，停了下来，用少许黏液把壳体粘挂在那儿。它只是在那作短暂的停留，所以舍不得用太多的软体组织所生产出来的胶黏剂。这样一来，只要稍微地震动一下瓶子，蜗牛壳口就会松脱，从粘黏的地方摔到瓶底上。

我看到瓶子里的那只萤火虫也在不断地往高处爬去，爬到蜗牛暂时停留的地方。它依靠某种攀缘器官在沿着瓶子内壁爬着，这种攀缘器官弥补了萤火虫足爪此刻的功能缺陷。萤火虫已经来到了蜗牛的身旁，找到了一处可以下手的缝隙，便轻轻地拍击了几下躲在缝隙内的蜗牛，使之昏死过去，随即开动其液化装置，使蜗牛肉变为蜗牛肉汤，美美地吮吸起来。

当萤火虫吃饱喝足之后，蜗牛就剩下一个空壳了，肉没有了，汤也没有了。但是，这只空壳虽然只用了少许黏液粘在玻璃上，却并未开胶，仍然牢牢地粘在那里，没有丝毫的移位。壳中的那个隐居者没有挣扎，没有反抗，一点一点地从固态变成了液态，全都从萤火虫开始发起攻击的那个点上流了出来，流得干干净净，只剩下一个空壳了。由此，我们不难看出，萤火虫的麻醉手术之高超、之快速，简直是迅雷不及掩耳，让对方防不胜防。而且，我们还可以看出，萤火虫吃蜗牛的手段之奇妙，让人叫绝，都没有让蜗牛空壳从极其光溜而又垂直的玻璃瓶内壁上掉落下来，甚至都没让只有些许胶黏着的空壳有丝毫的晃动、移位，这真的是不可思议。

萤火虫要在玻璃上或草茎上攀爬，它的又短又笨的爪子显然是无法承担这一重任的，必须拥有一种特殊的工具。这种特殊工具必须不怕光滑，能攀住无法抓住的物体。萤火虫确实拥有这种特殊工具。它的后腿末端有一个白色的点，用放大镜仔细观察，可以看到那上面约有十二个很短小的肉刺，它们有时收拢起来，缩成一团，有时却又伸展开来，好似玫瑰花瓣。这就是它的吸附并移动的器官。萤火虫想要把自己附着在某个地方，甚至是个极其光滑的表面上，比如固着在禾本植物的茎秆上，它就把这十二个短小的肉刺展开来，呈玫瑰花瓣状，就可以牢牢地铺展在所吸附的物体上了，用自己的身体的黏性，把自己紧紧地黏附在支撑物上。这个特殊器官通过抬高和放低，张开和闭合，帮助萤火虫行走。总而言之，萤火虫可以说是一个双腿残疾者，它在自己的后腿上放上一朵漂亮的白色玫瑰花，一种没有关节、可向四下里活动的有十二个趾肢节的爪子，而这种管状的趾肢节，并非抓住而是黏附着物体。这个器官还有一个用途，它可以当作海绵和刷子来使用。萤火虫在进餐之后，便用这把刷子刷头、背、尾及两侧。它之所以全身上下地刷来刷去，是因为它的脊椎很柔韧，可以弯来弯去，哪儿都能够得着。萤火虫在这儿全身进行擦拭时，非常仔细，一处不漏，足见它对这种运动颇感兴趣，乐此不疲。它这样做的目的究竟是什么呢？很显然，它这是要擦去沾在身上的灰土或者蜗牛肉的残渣剩汤。如果萤火虫只会像亲吻似的轻拍蜗牛，对它施以麻醉术，而没有其他什么本领的话，那它也就不会这么出名，这么家喻户晓了。它真正名扬四海的原因，是它能在尾部亮起一盏红灯。我们来特别仔细地观察一番雌性萤火虫吧。它在达到婚育年龄，在夏季酷热期间发出亮光的过程中，一直保持着幼虫状态。它的发光器是在腹部的最后三节处。其中的前两节的发光器呈宽带状，另外一个组群是最后一个体节的两个斑点。具有那两条宽带的只有发育成熟了的雌性萤火虫；未来的母亲用最绚丽的装束来打扮自己，锃亮了这光亮灿灿的宽带，以庆贺自己的婚礼，而在这之前，自刚孵化的时候起，它只有尾部的那个发光斑点，这种绚丽的彩灯显示着雌性萤火虫那惯常的身体变态。身体的变态使之长出翅膀，能够飞翔，从而宣告其生理演变过程的结束。这盏亮灿灿的灯点亮时，还标志着其交尾期即将来临。这之后，雌性萤火虫就没有翅膀了，不能再飞翔，一直保持着这种幼虫的可怜的卑屈形态，但是，它的那盏明灯却始终点亮着。

雄性萤火虫则有所不同，它得到了充分的发育，改变了形态，拥有着鞘翅和翅膀。与雌性一样，从孵化时起，它的尾部就有这盏明灯。总之，萤火虫不管是雌性还是雄性，不管是处在发育时期的什么阶段，其尾部均可发光，这就是整个萤火虫大家族的一大特点。而且，这个发光点从背部或腹部都可以看见，但只有雌性萤火虫才有的那两条宽带，才在腹部下面发光。

我的手和眼仍然很听使唤，做起解剖来还算得心应手，因此，我便想解剖一下萤火虫的发光器官，以便彻底搞清楚其构造。我终于成功地把一根发光宽带的大部分给剥离开来。我在显微镜下仔细地观察了这条宽带，发现其上有一种白色涂料，系极其细腻的黏性物质构成的。这白色涂料显然就是萤火虫的光化物质。紧靠着这白色涂料，有一根奇异的气管，主干很短却很粗，下面长了不少的细枝，延伸至发光层上，甚或深入到体内去。发光器受到呼吸气管的支配，发光是氧化所导致的。白色涂层提供可氧化的物质，而长有许多细枝的粗气管则把空气分送到这物质上。现在，我很想搞清楚这个涂层的发光物质究竟为何物。起初，人们以为那是磷，还把它加以燃烧，以化验其元素，但是，据我所知，这种办法并没获得理想的效果。显然，磷并非萤火虫发光的原因，尽管人们有时把磷光称为萤光。这个问题的答案肯定不在这里，而是另有原因。

萤火虫能够随意地散布它的光亮吗？它能否随意地增强、减弱、熄灭其亮光吗？它怎么做的呢？它有没有一个不透明的屏幕朝着光源，把光源或遮住或暴露呢？现在，我们对这个问题已很清楚，萤火虫并没有这样的器官，这样的器官对它来说是没有用的，它拥有更好的办法来控制它的明灯。若想增强光的亮度，遍布光化层的光管就会加大空气的流量；如果它把通气量减缓甚至停止供气，光度就变弱，甚至灯会熄灭。总之，这个机理犹如油灯的机理一样，其亮度是由空气进入灯芯的量来加以调节的。

遇到激动的情况，气管就运作起来，灯也就亮了。需要加以区别的是光带和尾灯这两种情况。其一，发光的是那漂亮的宽带，亦即已到婚育年龄的雌性萤火虫的独特的饰物；其二，也就是那盏尾灯，萤火虫无论雌雄，无论长幼，都在其最后一个体节上点着一盏小灯。在这后一种情况下，由于突然的惊恐不安，萤火虫的情绪发生变化，这盏尾灯或完全地或近乎完全地熄灭。我在夜晚曾经捕捉过萤火虫，眼见那盏尾灯在草上发着亮光，可是，只要我稍不留神，碰着了那棵草，草一晃动，灯立即就熄灭了，我想要捕捉的这只昆虫也就不见了踪影。但是，发育完全的雌性萤火虫身上的宽光带，即使受到惊吓，也毫无影响，照样亮着。

我捉了几只雌性萤火虫，把它们关进笼子里，放到屋外，笼子旁边放了一把枪。我放了一枪，但枪声并未产生效果，宽带依旧在发光，与没有放枪前一样明亮。然后，我又用喷雾器把水雾喷洒到它们身上，它们身上的光带依然光亮闪闪，没有一盏灯熄灭的，顶多也就是亮度上有短暂的减弱而已，而且也只是个别的雌性萤火虫这样，并不是每只都如此，我猛抽了一口烟斗，把烟吹进笼子里，光带的亮度倒是更加弱了，甚至灭了一会儿，但时间非常短暂。很快，萤火虫便平静下来，恢复了常态，灯又亮了起来，而且比先前还要明亮。这之后，我又用指头抓住它，把它翻过来掉过去地折腾，又轻轻地摆弄它，只要是捏得不太重，它照旧在发光，亮度也保持不变。即将处于交尾期的萤火虫，对于自己的灯的光亮十分沾沾自喜，没有极其严重的情况发生，它们是不会把自己的灯完全熄灭掉的。

从各种实验的结果来看，极其明显的是，萤火虫是自己在控制着其身上的发光器，它可以随意地使之或亮或灭。不过，在某种情况之下，有无萤火虫的调节都无关紧要。我从其光化层上弄下来一块表皮，把它放进玻璃管里，用湿棉花把管口堵住，免得表皮过快地蒸发干了。只见这块表皮仍在发光，只不过其亮度不如在萤火虫身上那么强而已。在这种情况下，有无生命并不要紧。氧化物质，亦即发光层，是与其周围空气直接接触的，无须通过气管输入氧气，它就像是真正的化学磷一样，与空气接触就会发光。还应该指出的是，这层表皮在含有空气的水中所发出的亮光，与在空气中所发出的亮光的强弱一样。不过，如果把水煮开，沸腾，没了空气，那么，表皮的光就熄灭了。这就更加证明，萤火虫的发光是缓慢氧化的结果。

萤火虫发出来的光呈白色，很柔和，但这光虽然很亮，却不具有较强的照射能力。在黑暗处，我用一只萤火虫在一行印刷文字上移动，可以清楚地看出一个个字母，甚至可以看出一个不太长的词儿来，但是，在这小小的范围之外的一切东西，就看不见了，因此，夜晚，以萤火虫为灯看书，那是不可能的。

如果把一群萤火虫放在一起，彼此紧挨着，每只萤火虫都放着光，那么，它的光就会通过反射而可以照亮旁边的萤火虫，我们似乎也就能够看清一只只的萤火虫了。但是，事实又并非如此。这群萤火虫只是杂乱无章地聚集在一起，就算彼此离得很近很近，我们也无法看清萤火虫的模样来，因为这所有的亮光把萤火虫全都混在了一起，成了模模糊糊的一片。我通过照相技术非常清楚地证实了这种情况。我用钟形金属网罩罩住二十来只充分发光的雌性萤火虫，把它们置于露天地里。罩子里，有一丛百里香插在其中央，形成一片小林子。夜晚时分，那二十来只雌性萤火虫全都爬到罩子顶上去了；它们在竭力地朝着各个方向展示着它们那发光的服饰。因此，沿着百里香小枝形成了一串串的花序。我指望这一串串花序能够对相板和相纸产生作用，但是，我却未能遂愿，只得到了一些不成形的白色斑点，根据萤火虫群体的不同情况，有些地方浓些，有些地方浅些，而萤火虫的模拟斑点却一点也没有显现，连百里香丛的痕迹也没有显现出来。因缺乏充足的光照，美妙如画的光彩只显现出一团模糊不清的黑乎乎的水浆似的东西来。

由此看来，雌性萤火虫的灯光并不是用来照明的。那么，它到底是干什么用的呢？我想，它是用来召唤情郎的。但是，雌性萤火虫的灯是在其肚子下面冲着地面发光的，而雄性萤火虫则是在随意乱飞，它是在上面，在空中，有时是在老远的地方往下看的，应该说它是看不见雌性萤火虫的那盏灯的。但是这种不正常的情况却被巧妙地予以纠正了。雌性萤火虫自有其高明的调情手段。每天晚上，天完全黑下来的时候，被我拘于钟形罩里的囚徒们就去到我用来作为监狱的百里香丛中。到了这个花丛中，它们便爬到显现得很清楚的细枝上，不像在灌木丛下时那样老老实实、安安生生地待着，而是在那儿做着激烈的体操运动，一个个把小屁股扭来扭去，一颠一颠地，朝这边扭一下，再朝那边扭一下，把灯光向各个方向打去，这么一来，寻偶求欢的雄性萤火虫从附近经过时，无论是在地上还是在空中，肯定都能看到这盏随时都在亮着的灯。这一招儿，有点像捕捉云雀的旋转镜子的运作方式。这面旋转小镜静止不动时，云雀对它并无什么反应，但是，它只要一旋转起来，把它的光弄成了迅速闪动的碎裂的光亮，云雀见了就会激动起来。

雌性萤火虫自有其召唤求欢者的绝招，而雄性萤火虫也不甘示弱，它有着一种光学器具，能够老远就看到雌性萤火虫那盏灯所发出的最微弱的光。其护甲胀大成盾形，大大地超出了头部，像帽檐或灯罩似的伸向前去，它的作用就在于缩小视野，把目光集中于需识别的光点上去。而在其颅顶下面，长着两只大眼睛，非常鼓凸，呈球冠形，彼此接近，中间只有一条狭窄的槽沟，以便收放触须。它的这个复眼几乎占据了它的整个面孔，缩在大灯罩所形成的空洞里，真像库克普罗斯①的眼睛。

雌雄交配的时候，那盏灯的灯光会变弱，几近熄灭，只有尾部那盏小灯还亮着。春暖花开、暖意融融时节，田野里，昆虫们都在求欢寻爱，低吟婚庆颂歌，陶醉于男欢女爱之中，萤火虫的这盏尾灯虽能通宵达旦地亮，也没有哪位去注意它的，不会发生任何的危险。待交配完毕，萤火虫便立刻产卵，它们并无夫妻感情，没有什么家庭观念，没有慈母之爱，它把白白的圆圆的卵产在——或者更确切地说是抛撒在——随便什么地方。

有一点却是非常奇怪的：萤火虫的卵，甚至还在其母的体内

---

① 库克普罗斯：古希腊传说中的独眼巨人，掌管雷霆。

时，就是发光的。如果我在捕捉时，一不小心，捏破了雌性萤火虫那装满了卵的肚子，就会看到一道道汁液，闪闪发光地流在了我的指头上，好像我把一只装满着磷液的囊给捏破了似的。我用放大镜仔细地进行了观察，确实是被挤出卵巢的虫卵所发出的光亮。此外，将要临产时，卵巢里的萤光已经显现出来了，雌性萤火虫肚皮表面已经在透出一种柔和的乳白色的光。卵产下不久就会孵化。萤火虫幼虫雌与雄的尾部都有一盏小灯。寒冬将至时节，幼虫欲到地下不太深的地方，顶多也就是三四寸深。我在大冬天里，从地下挖出过几只幼虫，发现它们的尾灯一直亮着。四月将要来临，天气转暖，幼虫便钻出地面，继续完成其演化过程。

总而言之，我通过观察研究得知，萤火虫自生下来之日起，一直到寿终正寝时止，都一直在发光。它的卵在发光；它的幼虫在发光；雌性萤火虫亮着的是华丽的灯；雄性萤火虫保留着幼年时期的那盏已有的小灯。对于雌性萤火虫的光带的作用，我可以说是已经有所了解了，但是，它的尾灯又是干什么用的呢？我很遗憾地说，我尚不得而知。昆虫物理学要比我们书本上的物理学更加深奥，这个问题可能在很长的时间里，甚至在永远的将来，也都会是个不解之谜。

# 意大利蟋蟀

　　我们这儿见不着面包铺和乡间灶屋间的常客的那种家蟋蟀。 不过， 如果说在我们村子里壁炉石板下面的缝隙里没有蟋蟀的叫声的话， 那么作为补偿， 夏夜的田野里却响着美妙的歌声， 那是北方所不常听到的。 春季里， 阳光灿烂时， 田间地头的蟋蟀便唱起了交响曲； 夏日里， 在夜阑人静时， 则有树蟋蟀， 或称意大利蟋蟀在鸣唱。 一个是昼间蟋蟀， 一个是夜间蟋蟀， 它们平分那美妙的季节。 在前者停止歌唱期间， 后者便开始唱起小夜曲来。

　　意大利蟋蟀没有黑色外套， 而且体形也无一般蟋蟀那种粗笨的特点。 恰恰相反， 它细长、 瘦弱、 苍白， 几乎全白， 正适合夜间活动的习惯要求。 你捏在手里都生怕把它捏碎。 它在各种小灌木上， 在高高的草丛中， 跳来蹦去， 很少待在地上生活。 从七月一直到十月， 它们日落时分开始歌唱， 一直唱到大半夜， 是一场悦耳动听的音乐会。

　　这儿的人们都非常熟悉这种歌声， 因为无论多小的荆棘丛中都有这种交响乐的演唱者。 它们甚至还在粮仓里歌唱， 那是因为运草料时把它们夹带了来， 使它们迷了路径， 无法回返。 这种苍白的蟋蟀习俗神秘， 所以谁也不确切地知晓是什么蟋蟀唱出的这么好听的小夜曲的， 人们误以为是普通的蟋蟀唱的， 可是这个季节普通蟋蟀尚小，还不会歌唱。

意大利蟋蟀的歌声是"格里——依——依""格里——依——依"这种缓慢而柔和的声音，唱起来还微微发颤，使歌声更加悦耳动听。你一听就会猜想到它的振动膜是极其细薄而宽大。如果它待在叶丛中无人惊扰的话，它的声音就不会变化，但稍有动静，这位歌手便立即改用腹部发声。你刚才听见它一直在你面前歌唱，可突然间，你听见的是它在那边二十步开外的地方继续鸣唱，但音量减弱了，你还以为是距离使然。

你跑过去，但什么也没发现，声音仍旧是从原来的地方发出来的。还不仅仅如此。这一次声音是从左边传来的，也许是从右边或者是从后面传来的。你完全给弄糊涂了，无法凭借自己的听觉去辨别蟋蟀到底是在何处鸣叫的。你必须提着提灯，而且要极有耐心，还得小心翼翼，不出任何响动，才能在灯光的帮助下捉到这个歌唱家。我就如此这般地捉到了几只，放进笼中，从而多少了解了一点点迷惑我们听觉的演唱家的情况。两片鞘翅都是由一片宽大的半透明干膜构成的，薄如一片白色洋葱片，能够整个儿地震颤。鞘翅状如圆的一端，上端略小。圆的这一端按一条粗重纵翅脉折成直角，再以鞘翅凸边沿体侧往下，在蟋蟀休息时，包住其身体。

右鞘翅覆盖在左鞘翅上。右鞘翅内侧靠翅根处有一块胼胝，辐射出五条翅脉，两条冲上，两条往下，而第五条几乎呈横向，略微泛红，是基本部件，也就是琴弓，这从其上横向的细锯齿一看便知。鞘翅的其他地方还有几条不太粗的翅脉，功用在于绷紧薄膜，但不是摩擦器的组成部件。

左鞘翅，或者说下鞘翅，结构与右鞘翅相同，但区别在于琴弓、胼胝以及由胼胝辐射出去的翅脉位于上部表面。此外，我们还可以看到左右两把琴弓呈斜向交叉。

当蟋蟀放声歌唱时，左右鞘翅高高地竖起，宛如一张薄纱船帆，只是内边缘相互接触。这时候的左右两把琴弓是彼此斜着咬合着的，它们相互摩擦便使得绷得紧紧的薄膜产生强烈的震颤。

根据每把琴弓是在另一个鞘翅的胼胝（其本身也是粗糙的）上还是在四条光滑的辐射翅脉中的一条上摩擦，蟋蟀发出的声音则有所不同。这也许部分地解释了为什么胆小的蟋蟀怀疑遇到危险时会用声音迷惑我们，让人觉得声音发自前后左右，难以捉摸。

声音的强弱、响亮、沉闷变化，使人产生距离上的错觉，这是蟋蟀这个腹语者的高超艺术手段，而这种错觉的产生还有另一个原因，这很容易发现的。声音响亮时，鞘翅是完全竖起的；声音沉闷时，鞘翅则多少有点下垂。当鞘翅处于下垂状态时，其外侧边缘不同程度地压在蟋蟀柔软的侧部，从而减小了振动部分的面积，声音也就随之变小。

用手指触摸敲响的玻璃杯，它便声音发闷，仿佛是从远处传来。灰白色蟋蟀深谙这个声学奥秘。当有人去捉它时，它便把振动片的边缘压在柔软的肚腹上， 使人不知它身在何处。 我们的乐器有制振器、 消音器， 意大利蟋蟀的制振器、 消音器可与之媲美，而且结构简单， 功效奇佳， 胜我们一筹。

田间地头的蟋蟀及其同类昆虫也使用这种消音办法， 把鞘翅边缘压在肚腹或高或低处， 以减轻振动， 但是它们中没有谁能像意大利蟋蟀的本事那么大， 能产生如此神奇的效果。

我们的脚步声一靠近， 哪怕是极轻极轻的， 蟋蟀就会用这种办法对付我们， 使我们产生错觉。 除此而外， 它的声音还非常纯正， 带有柔和的颤音。 仲夏夜， 万籁俱寂时， 还有哪种昆虫的鸣叫胜过意大利蟋蟀的？ 那么优美， 那么清脆。 我不知有多少次，席地躺在迷迭香花丛中躲着， 偷听那美妙迷人的音乐演唱会啊！

我的花园里夜间歌唱的蟋蟀非常多。 每一簇红花岩蔷薇都有其合唱队员， 每一束薰衣草中也都有自己的乐队。 那枝繁叶茂的野草莓树丛， 那笃耨香树丛， 都成了蟋蟀们的演唱场地。 这个小天地中的小生物们以自己那优美清亮的声音在彼此探问， 相互应答， 或者可以说是对别的歌手无动于衷， 只是自顾自地抒发自己的情怀。

高处， 我头顶上方， 天鹅星座在银河中伸长它那巨大的十字架； 下方， 就在我的四周， 蟋蟀在演唱交响曲， 此起彼伏， 抑扬顿挫。 唱出自己欢乐心声的这些小小的生命使我忘记了群星璀璨。 天空中的那些眼睛平静冷漠地眨巴着， 在看着我们， 可我们对它们却一无所知。

科学告诉我们它们离我们有多远， 它们的速度有多快， 它们的体积有多大， 它们的质量有多重， 还告诉我们它们不计其数， 令我惊愕不已， 但是这并未使我们有一丁点儿的激动。 为什么？ 因为科学缺少了那个巨大的秘密， 即生命的秘密。 天上有什么？ 太阳在温暖着什么？ 理性告诉我们说， 有一些类似于我们的世界， 有一些生命在其间进行无穷变化的大地。

这种宇宙观可谓宏大无比，但只是一种观念而已，并没有确凿的根据。确凿的事实才是至高无上的，是看得见摸得着的。所谓"可能"，甚至"极其可能"，都不是"明显"，并不是显而易见、无懈可击的。

　　可我的蟋蟀们却是我的伴侣，它们使我感到了生命的颤动，而生命正是我们的灵魂。正因为如此，我才身子倚着迷迭香树篱，只是心不在焉地随意向天鹅座瞥上一眼，我的全部心思都集中在你们那小夜曲上了。

　　一小块注入了生命的能感受苦与乐的蛋白质，远远超过庞大的无生命的原料。

# 朗格多克蝎

　　这种蝎子沉默不语，其习性蒙着神秘色彩，与之接触无趣味可言，因此除了通过解剖所得到的一些资料之外，对它的历史几乎一无所知。老师们的解剖刀向我揭示了它的机体结构，但是，据我所知，还没有任何一位观察者打定主意要持之以恒地研究它的隐秘习性。用酒精浸泡后开膛破肚的朗格多克蝎已清楚地为人所知，但是它在其本能范围内的活动情况却几乎鲜为人知。在节肢动物中，没有谁比它更应当就生物学方面详加介绍的了。世世代代以来，它都让平民百姓浮想联翩，竟成为黄道十二宫的标志中的一个。卢克莱修①曾说："恐惧造就神明。"蝎子通过恐惧让人们给神化了，被尊为天上的一个星座，而且成为历书上十月的象征。我们试试让蝎子开口讲话。

　　在安排蝎子的住宿问题之前，我们先给它们做一个简单的体貌特征的描述。普通的黑蝎在南欧许多地方都有，大家都很熟悉。它经常出没于我们住处附近的阴暗角落。一到秋天阴天下雨的日子，它便钻进我们家中，有时候还钻进我们的被子里来。这可恶的昆虫给我们造成的不仅是疼痛，更是恐惧。尽管我现在的住宅中

---

① 卢克莱修（约公元前98—前55）：古罗马哲理诗人和抒情诗人。

120

就有不少的黑蝎，但我观察时倒并没有什么意外伤害。这种恶名很大但又很可悲的昆虫更多的是让人厌恶而非危险。

朗格多克蝎生活在地中海沿岸各省，人们对它害怕有余而了解不足。它们并不骚扰我们的住处，而是躲得远远的，藏于荒僻地区。与黑蝎相比，朗格多克蝎可谓一个巨人，发育完全时，身长可达八九厘米。其色泽呈干麦秸的那种金黄。

它的尾巴——实际上就是它的肚腹——系五节相连的状如酒桶的棱柱体，相互间由桶底板连接，形成粗细相同、错落有致的棱状条条，好似一串珍珠。这同样的纹络还遮盖着那举着大钳的大小臂膀，并把臂膀分割成一些条形磨面。还有一些纹络弯弯曲曲地分布在脊背上，好似其护胸甲结合部的绲边，而且是轧花绲边。这些凸出的小颗粒透出了盔甲那粗野厚重的架势，那也是朗格多克蝎的性格特征。就好像这个昆虫是用闪闪刀光砍削出来的似的。

尾端还有一个第六节体，表面光滑，呈泡状，是制作并存储毒汁的小葫芦。蝎毒外表看上去好似水一般，但毒性极强。毒腔终端是一个弯弯的螫针，色暗，尖利。针尖不远处有一细小的孔，用放大镜方能隐约瞥见，毒汁从这细孔流出，渗进被尖头刺破的对方伤口。螫针既硬又尖，我用指头捏住螫针，让它扎一张硬纸片，它就像缝衣针扎衣服似的容易。螫针弯曲度很大，当尾巴平放伸直时，针尖是冲下的。要使用这件兵器时，蝎子就必须把它抬起来，反转过来，从下往上刺出去。这其实是它一成不变的攻击术。蝎尾反卷在背部，突然伸直，攻击被钳子夹住的对手。另外，蝎子平时几乎总是这种姿态，无论是在走动还是在歇息，尾巴都卷贴在背上。尾巴平拖在地上的情况十分罕见。

蝎钳从口中伸出，宛如螫针的大钳子，既是战斗的武器，又是获取信息的器官。蝎子往前爬时，便将钳子前伸，钳上的双指张开着，以了解和对付所遇到的东西。如果必须刺杀对手的话，双钳便先镇住对方，让对方吓得动弹不了，然后螫针从背部伸出来攻击。最后，如果需要长时间地撕咬猎物的话，那对钳子便当作手来使用，把猎物抓送到嘴里。它们从未被当作行走、固定或挖掘的工具使用过。双钳等于是起着真正的爪子的作用。它们好像是被突然截断的指头，指尖生出几只可以活动的弯爪尖，其对面还竖着一根细而短的爪尖尖，几乎可以起到拇指的作用。那张小脸上长着一圈粗糙的睫毛。身体各部件组合而成一个绝妙的攀缘器，这就充分说明蝎子为什么能够在我的钟形罩网纱上爬来爬去，能够久久地仰着身子长时间地停在罩顶上，能够拖着沉重而笨拙的身子沿着垂直的罩壁攀上爬下。

蝎子身下，紧随爪子之后的是像梳子似的东西，那是奇特的器官，是蝎子独有的采邑。梳子的名称源自其结构。它们是一长排的小薄片，相互紧密地排列着，犹如我们日常所用的梳子的排齿。解剖学者们怀疑它们是一部齿轮机，旨在雌雄交尾时双方紧连在一起。为了仔细观察它们亲热时的习俗，我把提到的朗格多克蝎关在有玻璃壁板的大笼子里，并放进一些大陶片块，让它们作为藏身之用。它们一共是十二对。

　　四月里，当燕子飞来，布谷鸟初鸣时，我的那些此前一直平静地生活着的蝎子掀起了一场革命。在我的花园露天地安置的昆虫小镇子里，不少的蝎子跑出去做夜间朝圣了，而且一去不复返。更加严重的是，在同一块砖头下面，我多次发现两只蝎子待在里面，一只在吞吃另一只。这是不是同类间打家劫舍的案子？美好季节开始了，生性好游荡的蝎子们冒失地闯进邻居家中，因为体弱而被对方吞食，丢了性命？几乎很像是这么个原因，因为闯入者被慢慢地吃了一整天，就像是被捉住的一个猎物似的。

　　那么，这就值得警惕了。被吃掉的，无一例外，全是中等个头儿的蝎子。它们体色更加金黄，肚腹稍小，证明是雄蝎，而且被吃的总是雄性。其他的那些蝎子体形要大，肚子滚圆，稍有点带暗色，它们的死并不像这么惨。那么，这儿发生的可能并不是邻里之间的斗殴，不是因为太喜欢独居而对任何来访者怀有敌意，随即把它吃掉，以此作为对任何冒失鬼的彻底的解决办法，而是婚俗的成规使然，在交尾之后由女方残忍地把男方干掉完事。

　　春回大地，我已事先准备好了一个宽敞的玻璃笼子，放了二十五只蝎子，每只蝎子一片瓦。一月到四月中旬，每天晚上，夜幕降临之后，七点至九点之间，玻璃宫中便闹腾开来。白天似乎像是荒漠，此刻却变成了欢乐的景象。刚一吃完晚饭，我们全家便奔向玻璃笼子。我们把一盏提灯挂在笼子前面，便可看见事件的全过程了。

我们经过一天的繁乱之后，现在有好的消遣了。眼前的是一场好戏。

在这出由天真的演员表演的戏中，一招一式都极其有趣，以致刚把提灯点亮，我们全家老少全都在池边就座了，连爱犬汤姆也前来观看。不过，汤姆对蝎子的事并不关心，坦然地躺在我们面前打盹儿，但只是一只眼睛闭着，另一只眼睛始终睁着，盯住它的朋友——我的孩子们。

让我想法给读者们描述一下所发生的事情。靠近玻璃壁板的提灯照得不太亮的那个区域，很快便聚集起不少的蝎子来。其他所有的地方，这儿那儿地游荡着一些孤独者，它们被亮光吸引，离开暗处，奔向光明的欢乐处。夜蛾子扑向灯火的场面也不如它们那么兴冲冲的。后来者混入先前的那些蝎子中去了，而另一些因懒于争抢，退到暗处，歇息片刻，然后激情满怀地回到舞台上去。

这个纷乱狂热的可怕场面犹如一场狂欢舞会，颇为引人入胜。有一些从老远跑来，它们端庄严肃地从暗处爬出来，突然像滑行似的迅疾而轻快地冲向亮处的蝎子群。它们的灵活劲儿犹如碎步疾走的小耗子。蝎子们在相互寻找着，但指尖稍一接触便像是彼此都被烫着了似的赶紧逃走。另有一些与同伴稍稍抱滚在一起，又赶紧分开，茫然不知所措，跑到暗处稳一稳神儿，又卷土重来。

不时地会有一阵激烈的喧闹：爪子相互缠绕，钳子又抓又夹，尾巴你钩我击，不知是威吓还是爱抚，谁也弄不清楚。在混乱之中，找到一个合适的视觉，就可以发现一对对的小亮点，像红宝石似的在闪烁。你会以为那是闪闪发光的眼睛，实际上那是两个小棱面，像反光镜似的光亮，长在蝎子的头上。蝎子们无论大小胖瘦全都参加了混战，那就像是一场你死我活的战斗，一场大屠杀，然而那却是一场疯狂的嬉戏，就像是小猫咪们扭缠在一起一样。不一会儿，大家四散开来，每一只蝎子都在向自己的方向散去，没有丝毫的伤痕，没有一点伤筋动骨。

现在，四散而去的逃跑者们又聚集到灯光前面来。它们爬过来荡过去，离开了又回来，常常是头撞头脸碰脸的。最性急的常常从别人的背上爬过去，后者只是动动屁股算是在抗议。现在还没到大打出手的时候，顶多只是两人相遇，几个小耳光罢了，也就是说用尾巴拍打一下而已。在蝎子群中，这种不使用毒针的敲敲打打是它们常见的拳击方式。

还有比爪子相缠、尾巴互击更精彩的：有的时候，会有一种极其新颖别致的打斗架势。两强相遇，头顶头，双钳回收，后身竖起，来个大倒立，以致胸脯上的八个呼吸小气囊全部展现。这时，它俩垂直竖立的尾巴相互磨蹭，上下滑动，而两个尾梢相互微微钩住，并多次反复地钩住，解开，解开，钩住。突然间，这友谊的金字塔坍塌了，双方便没有任何寒暄地急匆匆溜掉。

这两位摆出新颖别致的姿势意欲何为？是不是两个情敌在肉搏？看来不是，因为二人相遇时并非怒目而视。我从随后的观察中得知，它俩这是在眉目传情，私订终身。蝎子倒立起来是在倾吐自己的热情爱恋。

如果继续像我刚开始的那样，逐日观察并把逐日积累的材料汇集在一起，是会有益处的，而且叙述起来也比较快，但是，这么一来，那各有特色且难以融会贯通的一幕幕细节就省略掉了，叙述的趣味性也就丧失了。在介绍如此奇特而且又鲜为人知的昆虫习性时，什么都不应该忽略不提。最好是参照编年法，并把观察到的新情况分段叙述出来，尽管这样做有重复累赘之嫌。从这种无序必然产生有序，因为每天晚上的那些引人入胜的情况都能提供一种联系，对先前的情况予以验证与补充。我现在就进行抽样叙述。

啊！那是怎么了？我还从未曾见过。我一直没放松警惕，但这还是头一回让我亲眼看到了这番情景。两只蝎子面对面，钳子伸出，钳指互夹。这是友好的握手，而非搏杀的前奏，因为双方都以最平和友善的态度对待对方。这是一雌一雄的两只蝎子。一个肚子大，颜色发暗，是雌蝎；另一只相对瘦小，色泽苍白，是雄蝎。它俩都把长尾卷成漂亮的螺旋花形，有板有眼地在沿着玻璃墙边踱着步。雄蝎在前倒退着走，步伐平稳，根本不像是拖不动对方的样子。雌蝎被抓住爪尖，与雄蝎面对面，驯服地跟着走。

## 1904 年 4 月 25 日

它们走走停停，但始终这么绞在一起。它们歇歇停停，然后又走动起来，忽而从这儿走，忽而从那儿走，从围墙的一头转到另一头。看不出它们到底要走到哪里去。它们闲逛着，开始发情，眉来眼去的。此情此景让我想到在我们村镇，每个星期日晚祷之后，年轻人一对一对地手挽手，肩搂肩地沿着藩篱墙散步。

它们常常掉转回头。总是雄蝎在决定往哪个方向走。雄蝎没有松开对方的手，亲切地转个半圆，与雌蝎肩并着肩。这时候，雄蝎展开尾巴轻轻抚摩雌蝎片刻。雌蝎一动不动，声色不露。

我一直兴趣不减地观察着这没完没了的来去往返，足足有一个钟头。家中有人帮我一起观察这番奇情妙景，世上还没有人见过这种场面，至少是没有以善于观察的目光看过这种表演。尽管天色已晚，而我们又是习惯早睡的，但是我们始终注意力高度集中，一点重要情节都没有逃过我们的眼睛。

最后，十点钟光景，雌雄要有结果了。雄蝎爬到一片它觉得合适的瓦片上，松开雌蝎的一只手，只松了一只手，而另一只手却仍旧紧攥着不放，用松开的一只手扒一扒，用尾巴扫一扫。一个洞口张开来了。 雄蝎钻了进去， 然后， 一点一点地， 轻而又轻地把在耐心等待着的雌蝎拉进洞内。 不一会儿， 它们便不见了踪影。 一块沙土垫子把洞门封上。 这对情侣入了洞房。

打扰它俩的好事是愚蠢的； 我如果想要马上看到洞内所发生的情况的话， 那就可能操之过急， 不合时宜。 耳鬓厮磨， 准备入港也许就要持续个大半夜， 而我已年近八旬， 熬长夜已开始让我力不能支。 双腿酸痛， 眼睛发涩， 先去睡上一觉再说吧。 我整整一宿都梦见蝎子。 我梦见它们钻进被窝， 爬到我脸上， 但我并没太惊恐不安， 因为我脑子里满是蝎子的奇情异事。 第二天天一亮， 我便去揭开那块瓦片。 只有雌蝎独自待在那儿。 雄蝎没了踪影， 那个洞里没有， 附近也没见。 这是我的第一个失望， 后面的失望大概会一个接一个的。

# 5 月 10 日

已是晚上将近七点钟的时候， 天上乌云翻滚， 大雨将至。 在玻璃笼子的一块瓦片下面， 有一对蝎子正脸朝脸， 手指钩住手指， 一动不动地待着。 我小心翼翼地揭开瓦片， 让这对居民暴露出来， 我好随意观察它俩这种脸对脸后的一举一动。 天渐渐地黑下来， 我觉得不会有什么去搅扰没了屋顶的住所的安宁的。 倾盆大雨哗哗泻下， 我只好抽身回屋避雨。 蝎子们有玻璃笼子防护， 无惧雨之袭击。 它们的凹室被揭去华盖， 就这么被弃之于那儿干其好事， 那它们将如何操作呢?

一小时过后， 大雨停了， 我又回到蝎子笼前。 它俩走了。 它俩选了旁边的一所有瓦顶的屋子住下了。 雌蝎在外面等待着， 而雄蝎则在里面布置新房， 但指头仍旧钩着。 家中人每十分钟替换一次，免得错过我觉得随时都会进行的交尾。但这么紧张一点儿用也没有。将近八点钟时，天已经完全黑透了，这对蝎子由于不满意所选的新房，开始踏上朝圣之路，仍旧是手钩着手，往别处寻觅去。雄蝎倒退着引导方向，选择自己合意的住所；雌蝎则跟随着，温驯服帖。这和我 4 月 25 日所看到的一模一样。

终于找到了它俩都中意的瓦屋。雄蝎先闯进去，但这一次它俩的手一会儿都没有松开自己的情侣。它用尾巴这么三扫两划拉，新房便准备停当。雌蝎被雄蝎轻柔和缓地拉着，随其向导之后也进了洞房。

两个钟头过去了，我满以为已经给了它俩足够的时间完成其准备，干成好事，便前去查看。我揭开瓦片。它俩就在里面，仍旧原先的姿势，脸对脸，手拉手。今天看上去是没再多的花样儿可看的了。

第二天，依然未见新鲜玩意儿。一个面对另一个，都若有所思的样子，爪子全都没有动弹，手指仍旧钩住，在瓦顶下继续那没完没了的脉脉含情。日影西斜，暮色已近，经过这么二十四个钟头的你我紧密相连之后，这对情侣总算分手了。雄蝎离开了瓦屋，雌蝎仍留在其中，好事未见一丝进展。

这场戏中有两个情况必须记住。其一，一对情侣相亲相爱地散步之后，必须有一个隐蔽而安静的住所。在露天地里，在熙熙攘攘的环境中，在众目睽睽之下，这等好事是永远也做不成的。屋瓦揭去，无论白天还是黑夜，无论如何小心谨慎，情侣们似乎思考良久，还是离开原地，另觅新居。其二，在瓦屋中停留的时间是很长很长的，我们刚才已经看到，都等了二十四个小时了，但仍未见到决定的一幕。

# 5 月 12 日

　　今晚这一幕将告诉我们些什么？天气闷热，无风，很适合于夜间的幽会发情。两只蝎子已经成双配对，但我并未看见它俩是怎么勾搭上的。这一次，雄蝎体形比肚大腰圆的雌蝎要小得多。但雄蝎却是雄风不减。像约定俗成似的，雄蝎倒退着，尾巴卷成喇叭状，领着胖雌蝎在玻璃墙边悠然散步。它们转了一圈又一圈，忽而是向同一方向转圈，忽而回过去转圈。

　　它们常常停下歇息。停下时，二人头碰头，一个稍偏左，另一个稍偏右，仿佛是在交头接耳，窃窃私语。前头的小爪子磨蹭着，想轻抚对方。它俩在说些什么？那无言的海誓山盟怎么才能翻译出来？

　　我们全家都跑过来看这种奇特的勾搭景象，而且，我们的在场丝毫没有影响它们。那景象让人看着颇有情趣，这么说毫不夸张。在提灯的光亮下，它俩好像嵌在一块黄色琥珀之中的半透明的、光亮的物体。它们长臂前伸，长尾卷成可爱的螺旋形，动作轻柔，一步一步地开始长途跋涉了。

　　什么也没有打扰它们。如果有这么一个流浪汉晚间纳凉，正像它俩一样沿着墙边漫步，与它俩途中相遇，它知道它俩是准备干风流勾当，便会闪在一边，让它俩过去。最后，一处瓦片隐蔽所收留了它俩，于是，不言而喻，雄蝎首先倒退着走进去。时间已是晚上九点钟了。

随着这晚间的田园诗之后的是夜间的惨不忍睹的悲剧。第二天早晨，雌蝎仍在头一天晚上的那片瓦屋内，而瘦小的雄蝎就在其身旁，但已被雌蝎吞食了一部分。它的头、一只钳子、一对爪子没有了。我把这具残尸放在瓦屋门口。整整一个白天，隐居的雌蝎没有动过它。夜色重又浓重时，雌蝎出来了，在门口遇上死者，把死者拖至远处，以便隆重安排葬礼，也就是说把死者吃个干净。

这个同类相食的情况与去年我在昆虫小镇上所看到的情景完全一致。当时，我随时都能发现一只胖乎乎的雌蝎在石块下面津津有味地像吃大餐似的把自己的夜间伴侣给吃掉。当时我就在猜想，雄蝎一旦干完好事之后不及时抽身的话，必定被雌蝎或全部地或部分地吃掉，这要看雌蝎当时的食欲如何。现在，事实就摆在我的面前，我的猜想一语成谶。昨天我看见这对情侣在散步中充分准备之后双双入了洞房，可今天早晨，我跑去看时，在同一块瓦片下面，新娘正在消受自己的新郎哩。

毫无疑问，那不幸的雄蝎已经一命呜呼了。但是，由于种的繁衍之需要，雌蝎不会把雄蝎全吃掉的。昨晚的这对情侣处事干净利落，可我还看见其他的一些情侣时针都转了两圈了，可它们仍在耳鬓厮磨，卿卿我我的。一些无法确定的环境因素，诸如气压、气温、个体激情的差异等，会大大地加速或延缓交尾高潮的到来。而这也正是巨大困难之所在，使得一心想要了解至今仍未能为人所知的爪梳的作用的观察者，难以准切无误地捕捉时机。

## 5 月 14 日

肯定不是饥饿每天晚上都在使我的蝎子们激动不已的。它们每晚狂欢劲舞与寻找食物毫不搭界。我刚往那些忙忙碌碌的蝎群扔进花色繁多的食物，都是从它们看样子很对其胃口的食物中挑选的，其中有幼蝗虫的嫩肉段、有比一般蝗虫肉厚肥美的小飞蝗、有截去翅膀的尺蛾。天渐渐暖和时，我还捉一些蜻蜓来喂它们，那是蝎子极爱吃的食物，我还把同样受它们欢迎的蚁蛉也捉来喂它们，以前我曾在蝎子窝里发现过蚁蛉的残渣、翅膀。

蝎子对这么多高级野味却不为所动，甚至是不屑一顾。在混乱的笼子里，小飞蝗在蹦跳，尺蛾以残翅拍打地面，蜻蜓在瑟瑟发抖，但蝎子们从这些野味身旁走过时却并不注意它们。蝎子们踩踏它们，撞倒它们，用尾巴把它们扒拉开，总而言之，蝎子们不需要它们，绝对地不需要。它们有别的事情要去忙。

几乎所有的蝎子都在沿着玻璃墙行走。有一些固执者在试着往高处爬，它们用尾巴支撑身子，一滑便倒下来，然后又在别处试着往上爬。它们伸出拳头击打玻璃墙；它们拼死拼活地非要抢在前头。不过，这个玻璃公园挺宽敞的，人人都有地方待着；小径一条又一条，足可供大家久久地散步。这它们不管，它们要往远处去游荡。如果它们获得自由，它们会散布在四面八方。去年，也是这个季节，笼中的蝎子离开了昆虫小镇，我也就再没有见过它们。

春天交配期要求它们出游。此前一直形单影只地生活着的它们现在要抛开自己的囚牢，去完成爱情朝圣，它们不在乎吃喝，一心只想着去寻找自己的同胞。在它们的领地的砖石堆里，大概也会有一些可以幽会、可以聚集的优选之地。 如果我不担心夜间在它们的乱石冈上摔折腿的话， 我还真想去看看它们在自由的温馨甜蜜之中的男欢女爱哩。 它们在光秃的山坡上干些什么? 看上去与在玻璃笼内干的没什么不同。 雄蝎选好一位新娘之后， 便手牵手地领着新娘穿行于薰衣草丛中， 悠然漫步。 如果说它们在那儿享受不到我昏暗小灯的暗光的话， 它们却有月光那无可比拟的提灯为之照亮。

## 5 月 20 日

并不是每天晚上都能看到雄蝎邀请雌蝎散步的开头情景的。 许多蝎子从各自的瓦屋下出来时都已经成双成对的了。 它们就这么手牵着手地度过整个的白昼， 一动不动， 面面相对， 沉思默想。 夜晚来临， 它们仍不分开， 沿着玻璃笼边重新开始头天晚上， 甚至更早就开始的散步。 我不知道它们是何时和怎样结合在一起的。 有一些是在偏僻小道上偶然相遇的， 而我们又很难观察到这一点。 当我隐约发现它们时， 为时已晚， 它们已结伴而行了。

今天， 我的运气来了。 在我的眼前， 提灯照得最亮的地方， 一对情侣已结合成了。 一只喜形于色、 生龙活虎的雄蝎在蝎群中横冲直撞， 一下子便同一个它中意的过路雌蝎面对面了。 后者没有拒绝， 好事也就成了。

它俩头碰头， 钳子撑着地， 尾巴在大幅度地摆动着， 然后， 尾巴竖直， 尾梢相互钩住， 温柔亲切地相互抚摸。 这对情侣在拿大顶， 其方法我们前面已经叙述过了。 不一会儿， 竖起的尾巴架拆散了； 它们的钳指仍旧钩着， 没翻其他花样， 就这么上路了。 金字塔形姿势完全是双双出行的前奏曲。 这种姿势说实在的并非罕见， 两只同性蝎子相遇也会如此， 但同性间的这种姿势没有异性间

132

的正规， 特别是不那么郑重其事。 同性搭建金字塔时动作急躁，并非友爱的撩拨， 其两尾是在互相击打而非彼此抚爱。

我们稍稍跟踪一番那只雄蝎。 它在急匆匆地往后退， 对征服了对方洋洋得意。 它遇到其他的一些雌蝎， 它们都好奇地， 也许是嫉妒地列于两旁， 看着这对情侣走过。 其中有一只雌蝎猛地扑向被牵拉着的新娘， 用爪子箍紧它， 想竭力地拆散这对鸳鸯。 那雄蝎拼命地抵抗那个进攻者的巨大拖拽力， 它使劲儿地摇晃， 拼命地拉拽， 但都未能奏效。 它终于放弃了， 对这个意外事件并不感到遗憾。 旁边就有一只雌蝎等着。 这一次， 它随便商谈几句， 三下五除二地就把事情办妥了， 它拉住这个新雌蝎的手， 邀它一同散步。后者不干， 挣脱开来， 逃之夭夭。

那队雌蝎中， 又有一只被这只雄蝎相中了， 于是它又采取了同样的开门见山的方法。 这只雌蝎答应了， 但是这并不能说明半路上它就不会逃离这个雄性勾引者。 对于年轻的雄蝎来说这有什么大不了的! 走了一个， 还有许多其他的在等着。 那它到底要什么样的呢？ 要第一个投入怀抱的。

这第一个投入怀抱者， 它找到了， 它正领着它的被征服者散步哩。 雄蝎走到了明亮区域。 如果对方拒绝往前走， 它就拼命地又摇又拉； 如果对方温驯服帖， 它就温文尔雅。 它常常停下歇息，有时候歇息得还挺长。

这时， 雄蝎在进行一些奇怪的操练。 它把双钳——更好地说是双臂——收回， 然后又直伸出去， 强迫雌蝎也交替地做这种动作。它俩变成了一个节肢拉杆机械， 形成不断启合的状态。 这种灵活性训练结束之后， 机械拉杆便静止不动， 僵持住了。 现在， 它俩额头相触； 两张嘴相互贴在一起， 耳鬓厮磨。 这种抚摸亲昵就是我们的接吻和拥抱。 只是我不敢这么说而已， 因为它们没有头、脸、 嘴唇、 面颊。 仿佛被截肢剪一刀剪去了似的， 蝎子甚至都没有鼻子尖。 在应该是面庞的部位， 它们长的却都是一些丑陋的颌骨平板。

但此时此刻却是蝎子最美好的时刻！ 它用自己那比其他爪子更敏感、 更娇嫩的前爪轻拍着雌蝎的丑脸， 可在雄蝎眼里， 那可是最美丽最甜润的面庞。 它心痒难熬地轻轻咬着， 用下颌搔弄对方那同样奇丑无比的嘴。 这是温情与天真的最高境界。 据说鸽子发明了亲吻， 可我却知道早于鸽子的发明者： 蝎子。

雌蝎任随雄蝎轻薄， 它完全是被动的， 心里暗藏着伺机逃跑的计划。

可是如何才能溜掉呢？ 这很简单。 雌蝎以尾做棒， 朝着忘乎所以的雄蝎腕子猛然一击， 后者立即松开了手。 于是， 两蝎分开。第二天， 气消之后， 好事又会开始的。

## 5 月 25 日

这猛然一棒告诉我们， 最初观察所见的温驯的雌蝎伴侣有自己的小性子， 会固执地拒绝对方， 说翻脸就翻脸。 我们来举一个例子。 这天晚上， 一对俊男美女、 雌雄二蝎正在散步。 它俩发现一片瓦甚为合意。 雄蝎于是便松开一只钳子， 仅松开一只， 以便活动自如点。 它用爪子和尾巴开始扫清入口。 然后， 它钻了进去。随着洞穴逐渐加宽加深， 雌蝎便也跟着钻了进去， 看上去是自觉自愿的。

不一会儿， 也许是住宅和时间不合其意， 雌蝎出现在洞口，半截身子退至洞外。 它在努力挣脱雄蝎。 后者身在洞内， 拼命地在往里拉拽雌蝎。 争斗十分激烈， 一个在里面拼命拽， 另一个在外面使劲儿挣。 双方有进有退， 不分胜负。 最后， 雌蝎猛一用力，反把雄蝎给拽了出来。

这两人没有分开，但已到了室外，又开始散起步来。足足一个钟头里，它俩沿着玻璃笼墙根走过来走过去，最后又回到了刚才那片瓦前。穴道本已开通，雄蝎立即钻了进去，然后便疯狂地拉拽雌蝎。后者身在洞外，奋力地抗争着。它挺直足爪，踩住地面，拱起尾巴，顶住屋门，就是不肯进去。我觉得它的反抗并不让人扫兴。如果没有前奏曲进行铺垫，那交尾还有什么劲儿呢？

这时，瓦片内的雄蝎勾引者一再坚持，耍尽花招，雌蝎终于顺从了，进入洞内。钟刚敲十点。我哪怕熬上一整夜，也非要看到剧终不可。我将在合适的时机揭开瓦片，看看下面发生了什么。好机会十分罕见。突然，机会来了，我不敢怠慢。我会看到什么呢？

什么也没看到。刚过不到半个钟头，雌蝎反抗成功，挣脱束缚，爬出洞外，落荒而逃。雄蝎随即从瓦片下深处追了出来，到了门口，左顾右盼。美人儿逃出了它的手心。它只好灰溜溜地回到瓦片下。它上当受骗了。我同它一样也被骗了。

六月开始到来。由于担心光线太强会引起蝎子的惶恐不安，我此前一直都是把提灯挂在玻璃笼子外面，与之保持一定的距离。由于光线不足，我无法看清在散步的蝎子情侣你牵我拽的某些细节。它们彼此手拉手时是否十分主动积极？它们的钳指是否相互咬合着？或者只有一个采取主动？那么是哪一个呢？这一点很重要，必须弄清楚。

我把提灯放在玻璃笼子的正中间。笼子内四处都照得亮堂堂的。蝎子们非但不害怕亮光，而且还乐在其中。它们围着提灯跑来转去；有的甚至还试图爬上提灯好离光源更近一些。它们借助玻璃灯罩倒是爬上去了。它们抓住铁片的边缘，坚忍不拔，不怕滑落，终于爬到了顶上。它们待在上面一动不动，肚子部分贴在玻璃罩上，部分贴在金属框架上，整个夜晚都在看个没完，为这灯的辉煌而叹服。它们让我想起了以前的那些大孔雀蝶在灯罩上的得意忘形劲儿来。

在灯下的一片光亮处，一对情侣正抓紧在拿大顶。它俩用尾巴温情地撩拨一番，然后便往前走去。只有雄蝎在采取主动。它用每把钳子的双指夹住雌蝎与之相对应的双指。只有雄蝎在努力，在夹紧；只有雄蝎想解套就解套，双钳一松，套就解开了。雌蝎则无法这样；雌蝎是俘虏，勾引者已经为它戴上了拇指铐。

在一些较为罕见的情况中，我们还可以看得更清楚一些。我曾偶然发现过雄蝎抓住其美人儿的两只前臂往前拉拽。我还见过雄蝎抓住雌蝎的尾巴和一只后爪生拉硬扯。雌蝎先是拼命推开雄蝎伸出的爪子，而毫不惜力的雄蝎猛地把美人儿掀翻，顺势伸爪抓住对方。事情是明摆着的：这是货真价实的劫持，是暴力拐带，如同罗慕鲁斯王的部下抢掠萨宾妇女一样①。

---

① 根据传说，罗慕鲁斯系罗马城的创建者和第一位古罗马国王。萨宾人则是意大利境内的古代民族。

136